楽しく学び　楽しく体験

入門 電池活用工作ブック

電池の誕生から最新テクノロジーまで・簡単実験から実用工作まで

電子工作マガジン編集部 編

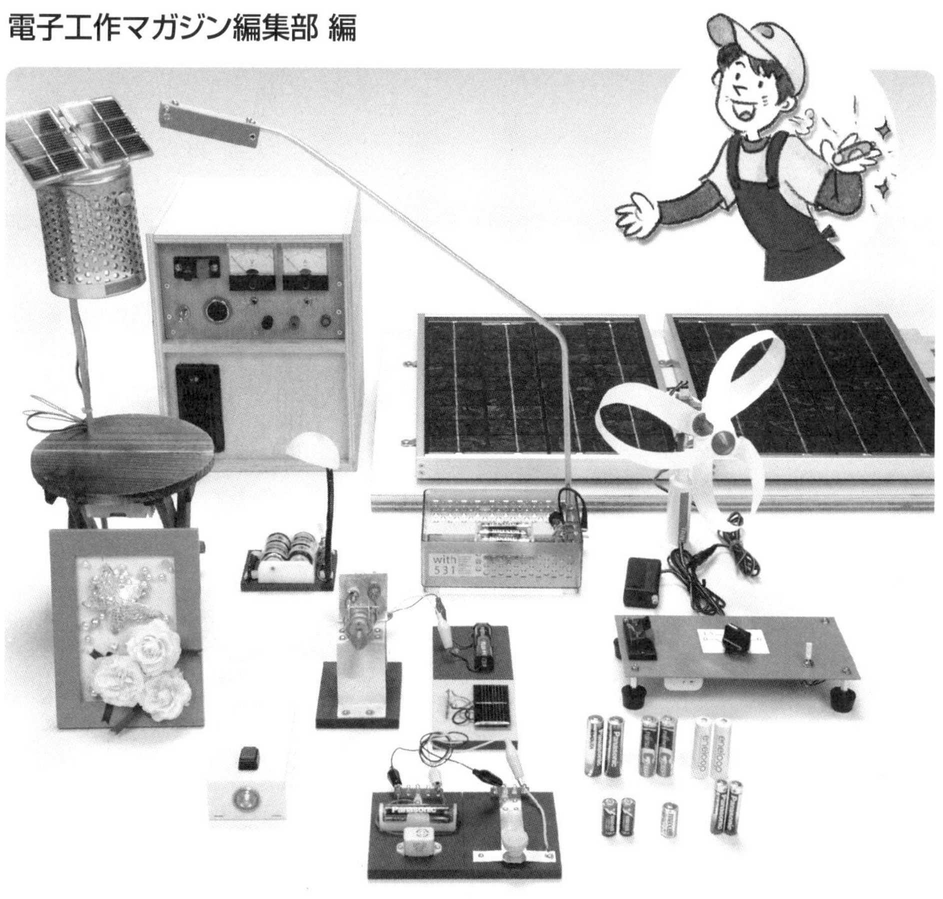

電波新聞社

入門　電池活用工作ブック

CONTENTS　もくじ

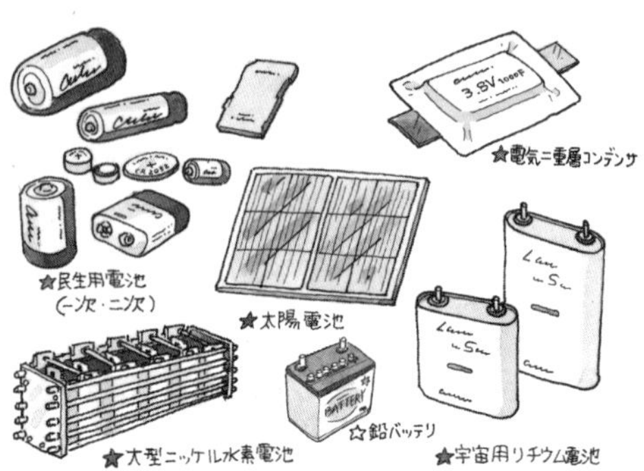

GP 2600
GP 2600
GP 2500
maxell
maxell
GP 850 mAh
GP 850 mAh

入門　電池活用工作ブック

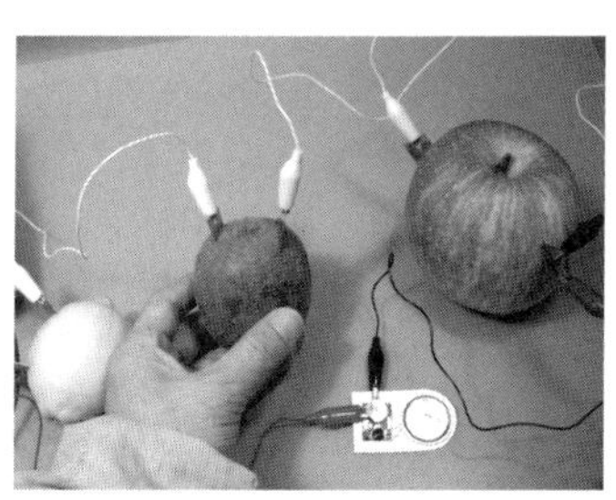

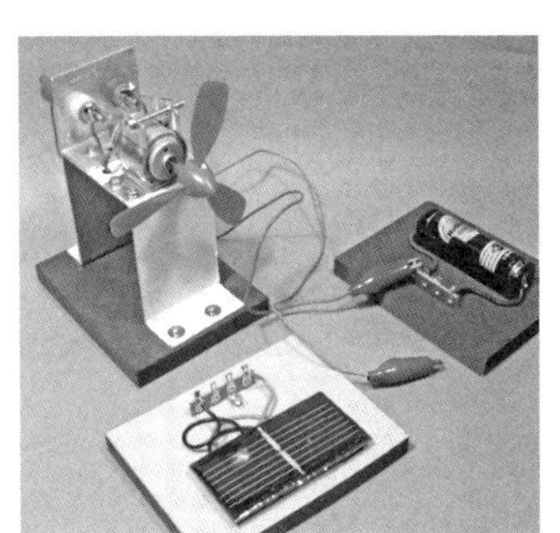

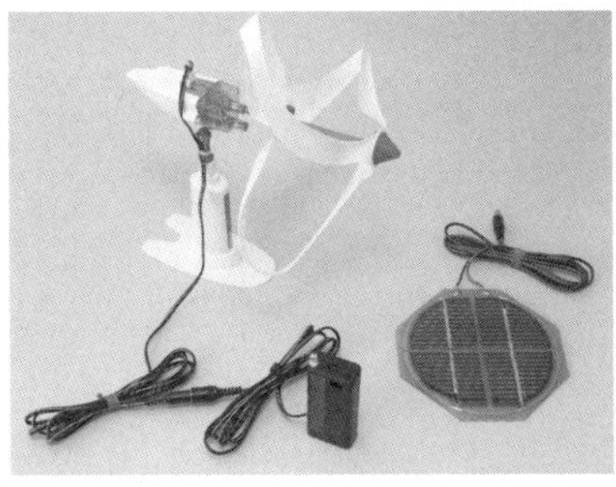

★序章★

電池が支える現代社会

本書は実践的に電池を学ぶための書として編集されました。電池と社会、電池の歴史、電池の原理、電池の製作、身近な電池、交通、宇宙、産業の世界で利用される電池、そして電池を使った電子工作まで、電池のすべてを研究していきます。

電池学習を通して、電子工作、エレクトロニクスへの理解を少しでも深め、電気と電池の働きに興味をもつようになっていただければ幸いです。

電気が支える人間の生活と社会

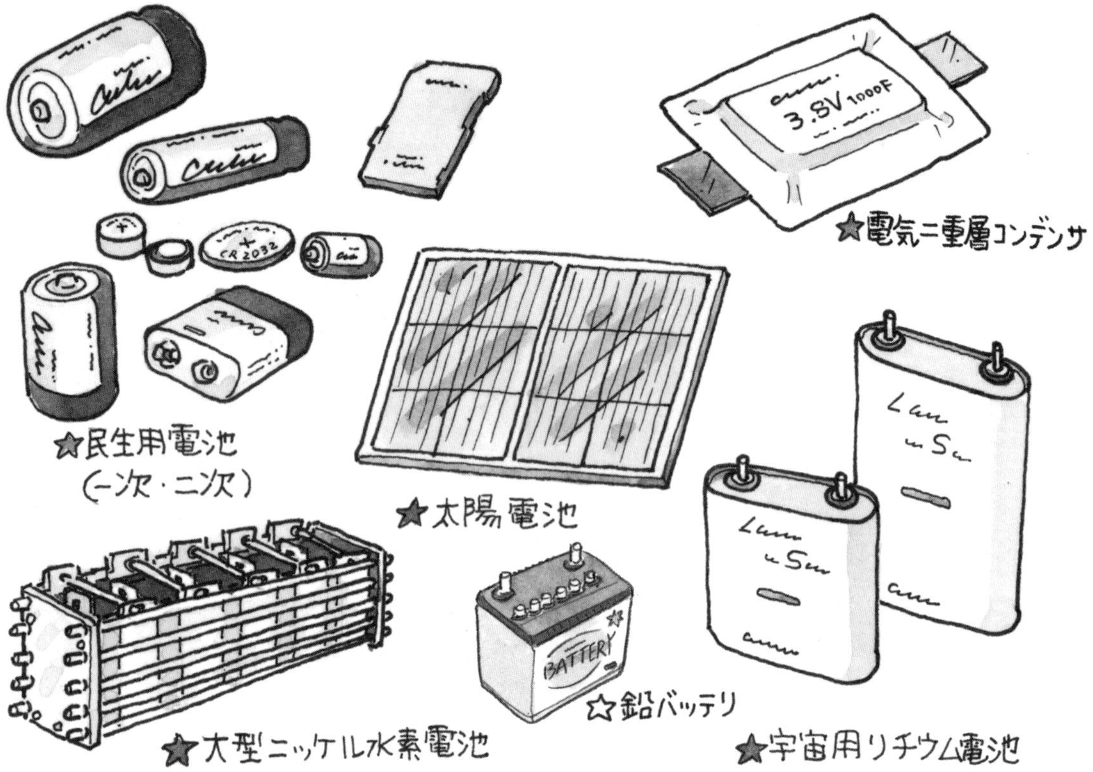

電気が支える社会生活

昼間のように光輝く大都会の夜景、停電におそわれた大都会の混乱のニュース、ともに人間の生活が電気に支えられていることを実感させてくれるものです。

目をみじかに転じてみても家庭には家電製品があふれ、外出時も携帯電話や携帯オーディオ機器は手放せず、私たちは24時間電気を利用した生活をしています。電気は人間生活に欠くことのできないものなのです。

▲こうした夜景は電気の社会を実感させる（写真は米国・シカゴ）

電気の社会の起源は電池だった

人間が自ら作り出した電気を、本格的エネルギーとして活用できるようになったのは1800年、ボルタが電池を発明した後からです。電気はもちろん自然界に雷や静電気として存在していましたが、ボルタ以前、「安定した電流」はこの世にありませんでした。

ボルタの電池登場以降、安定した電流をもとにして電気の理論と実用化研究は加速し、新しい電池や電気に関する機器の発明も続出します。明かりを作る電球、動力を生み出すモータ、さらに電子の流れを利用した真空管

電池が支える電気の社会

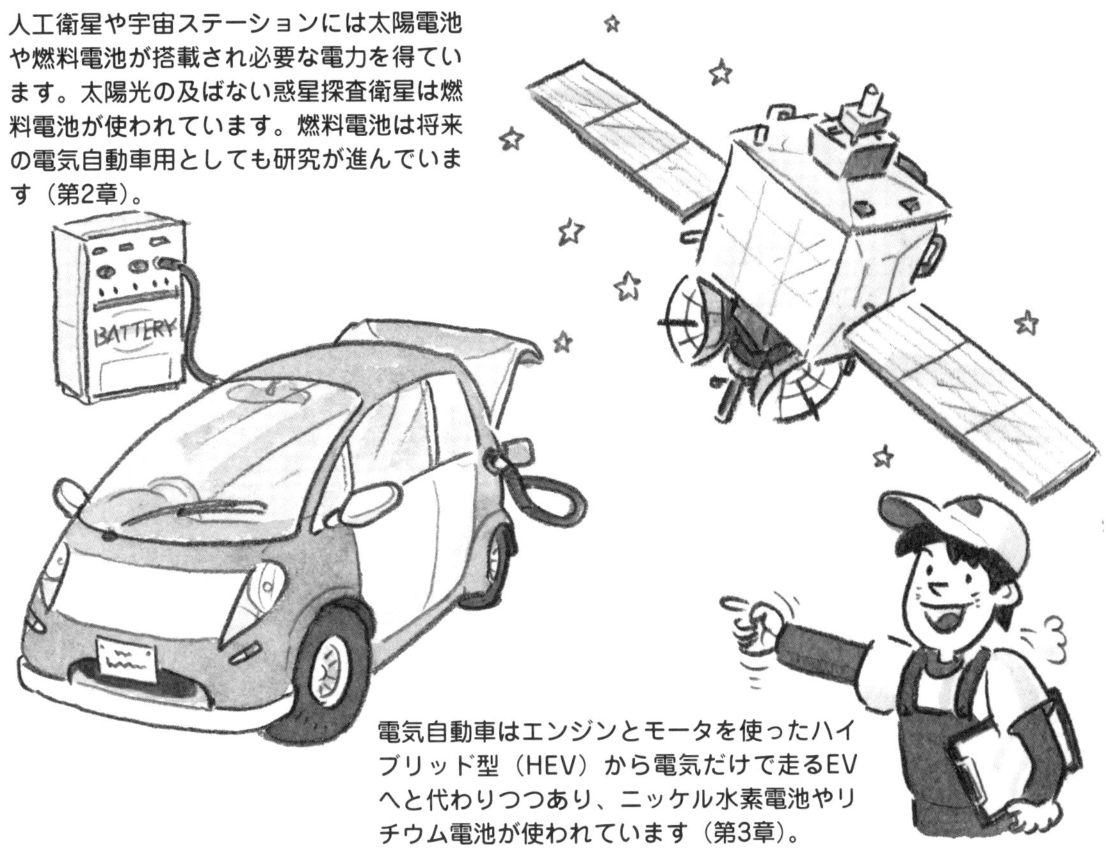

の発明により、今日のコンピュータに至る電子機器の発展が始まります。

忘れてならないのは、「今日の電気の社会の起源は電池」ということです。そしてさらに重要なことは、「今現在も電池が電気の社会を支えている」ということなのです。

電池がリードする最新社会

あらゆる場所で使われる電気ですが、いつも送電線から受け取れるとはかぎりません。陸、海、空、宇宙を移動する物体では独立した電源が必要です。そこでは発電装置とペアで、あるいは単独の発電装置としての電池が活躍しています。

それらは普段私たちが使う単3とか単2などの電池とは異なり、目的ごとに独自の形状や大きさをしています。太陽電池、宇宙で使われるリチウム電池、架線のない市街電車を走らせる大型ニッケル水素電池等々です。そしてすべての電池は日々改良が進み性能を向上させています。

クリーンエネルギーとしての電池

電池の改良は電気自動車（EV）の実用化研究とも密接に結びついています。ニッケル水素からリチウム電池への移行や電池と併用して使われる巨大な容量を持つコンデンサの改良も電気および自動車メーカー共同で進んでいます。さらに次に来る燃料電池車用電池の研究も活発におこなわれています。

（※序章で示された内容はこのあと本書の各章で詳しく解説されていきます）

歩いていても電池は使う

持ち運ぶ機器に電池は不可欠

歩いている人が携行できる小型電気製品はたくさんありますが、それらのすべてに各種電池が入っています。試しにどれだけ電池のお世話になっているか見ていきましょう。

携行機器のトップはなんといっても携帯電話です。今や小型のコンピュータなみの機能で、これなしに外出できない人も多いのではないでしょうか。電源には内蔵電池と専用充電器を使うので、電池本体を取り出して見る機会はそんなにありません。使われているのは一般にリチウムイオン電池です。

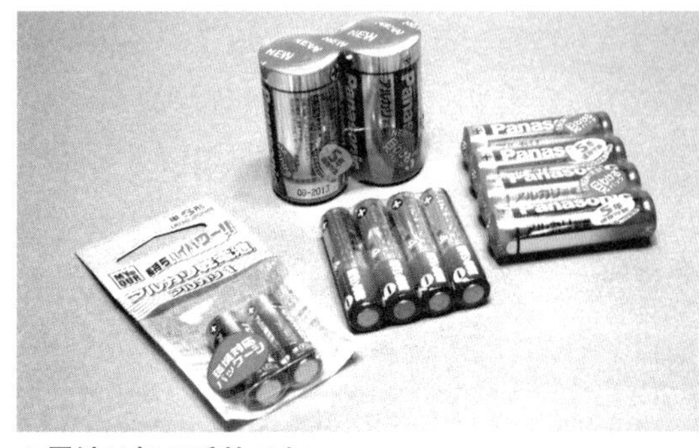
▲電池は毎日手放せない

身に付ける腕時計、歩数計、補聴器等にはボタン形（リチウムとかアルカリ）が、最近登場した電池式カイロでは充電式のニッケル水素電池が使用されています。

毎日使うなら二次電池

では上図の人のポケットやバッグの中に入っていそうな電気製品を想像してみましょう。

デジタルオーディオプレーヤ、ポケットラジオ、ポケットテレビ、電子ゲーム、電子辞書、デジカメ、ICレコーダ、、、、。その他携帯

家庭の中でも電池は使う

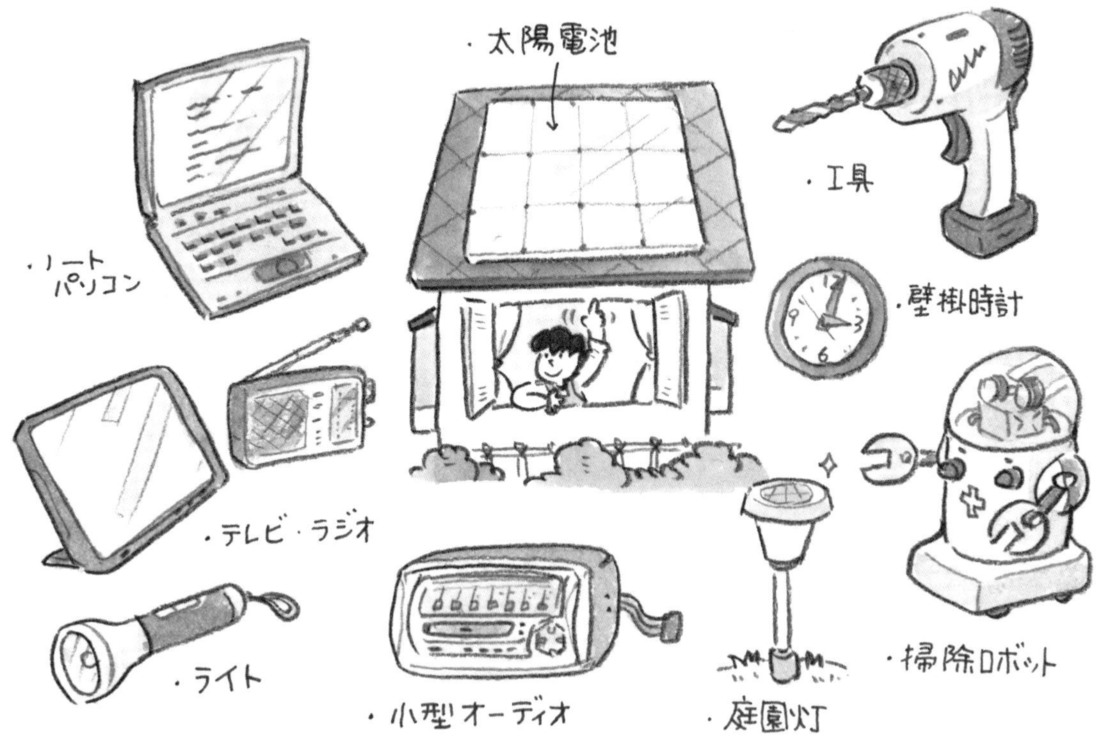

電話用携帯充電器なども入っているかもしれません。これで12種類ですが携行可能な電池製品は他にもたくさんあるはずです。

なお、こうした小型機器の使用電池は単3か単4サイズが多く、毎日使う機器には、同じサイズの充電式電池（二次電池）を充電しながら繰り返し使えば、電池切れや交換を気にすることなくいつでも安心して持ち歩けることになります。

電池は家庭でも活躍

家庭でも、持ち運んで使う機器では電池式が多いのはご存じのとおりです。また電源コードを引き回すのが面倒な庭園灯では太陽電池と充電池が使われています。

ノート型パソコン、電話の子機、ラジオ、小型のテレビやオーディオなどは好きな場所で自由に使うために電池で動作させることが必須条件です。また、部屋と部屋の間を掃除しながら自ら走り回る掃除ロボットも、電池駆動だからこそ電源コードから開放された自由な動きで働いてくれます。

その他、机上のえんぴつ削り機、壁の時計、柱の金具に下がっている懐中電灯、工具箱の電動ドリルドライバなど、家の中をちょっと見回すと電池を使った機器や道具がたくさんあることに気づくでしょう。

今、家庭と電池に関係するもので期待されるのが太陽電池による発電システムです。

価格はまだ手頃ではありませんが、家庭の電力源として省エネとクリーンの両面から注目されて実用化が着実に進んでいます。（※太陽電池は第2章34ページ～で解説）。

自然エネルギーは電池に溜める

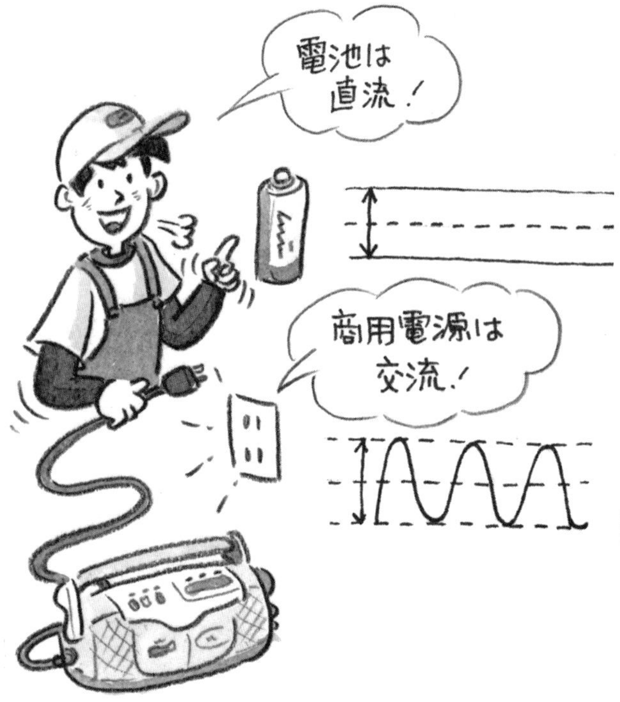

電池は直流！
商用電源は交流！
風力発電
直流
太陽電池

商用電源に交流が使われるのは、交流のほうが遠方の発電所から家庭までの送電に適しているからです

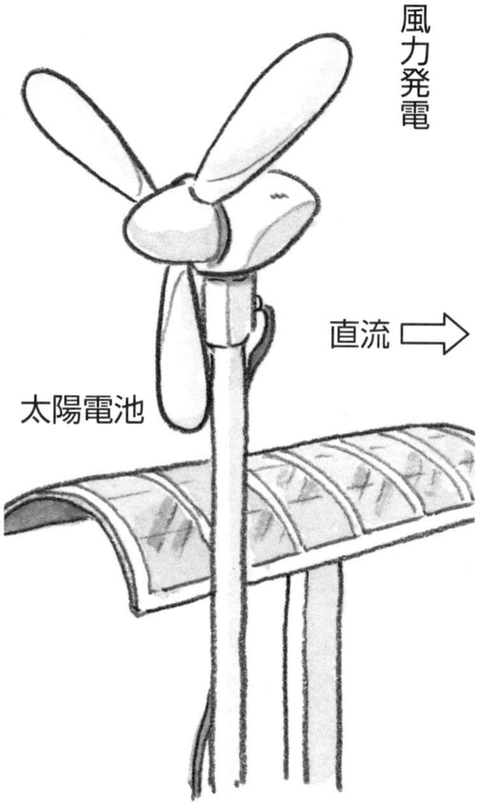

電池は直流、家電は交流

家で使う電気を電灯線だけにたよらず、自分で太陽電池や風力発電を使って発電した電気も使おうという試みが少しずつ始まっています。でも、太陽電池や風力発電機の電気はそのままではいつも使う家電製品を動かすことはできません。問題点は二つです。

▲世界で活躍する小型風力発電の日本メーカー・ゼファー社のアウルシリーズ

まず、家電製品には交流の電気が必要ですが、太陽電池や風力発電で作るのは直流の電気です。もちろんそのほかすべての電池も同じで、取り出せるのは直流の電気です。

直流はプラスからマイナスへと流れの方向が一定な電流です。一方、家庭に供給される交流は1秒間に50回（関東）から60回（関西）常に流れる方向が変わる電流です（理由はそのほうが遠方の発電所から家庭までの送電に適しているからです）。

もう一つの問題は、太陽も風力も発電する電気が増えたり減ったり、安定していないことです。電気冷蔵庫の電圧が上がったり下がったりしたら満足に働くわけはありません。

太陽光や風力という自然エネルギーによる発電は、環境に影響を与えない点ではすぐれていますが、発電量が増えたり減ったり刻々と変動するという弱点があります。特に太陽

電池で動かす家電製品 電池の直流を交流に変換

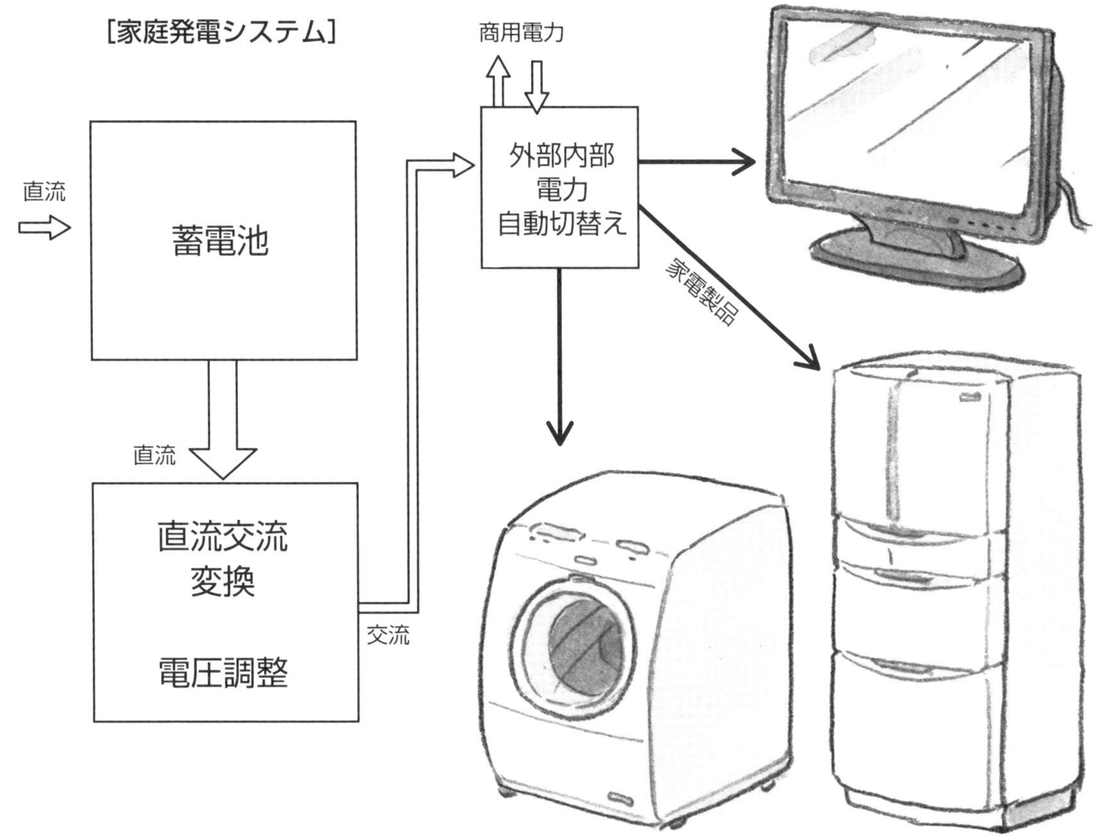

［家庭発電システム］

直流 ⇒ 蓄電池

直流 ⇓

直流交流
変換

電圧調整

交流 ⇒ 外部内部
電力
自動切替え ⇔ 商用電力

→ 家電製品

電池は夜はストップ、日中も雨や曇などの天候と雲の動きにより発電量は左右されます。

その発電量の大小の波を平均化させるために使うのが充電できる電池（二次電池）です。その他に大きな容量を持つ電気二重層コンデンサ（※42ページ～）も同時に使われることがあります。

直流を交流に変換

電池に一旦電気をためれば、発電量が変化しても蓄電池からの電気は安定します。でも直流なので、まだ家電製品を動かすことができません。

そこで別の装置を使って直流を家電製品を動かす交流に、電圧（12V～24V）も家電製品にあわせた100Vに変換するのです。

※家庭の太陽光発電システムについては第2章37ページも参照してください。

※第7章の製作記事の中では、バッテリから交流100Vを作りだす小型電源装置を製作例として紹介しています（116ページ～）。

▲住宅用太陽光発電システム＝写真はNEDO（独立行政法人新エネルギー・産業技術総合開発機構）により「集中連系型太陽光発電システム　実証実験」が行われた群馬県太田市の「パルタウン城西の杜」

分類別に見た電池の種類

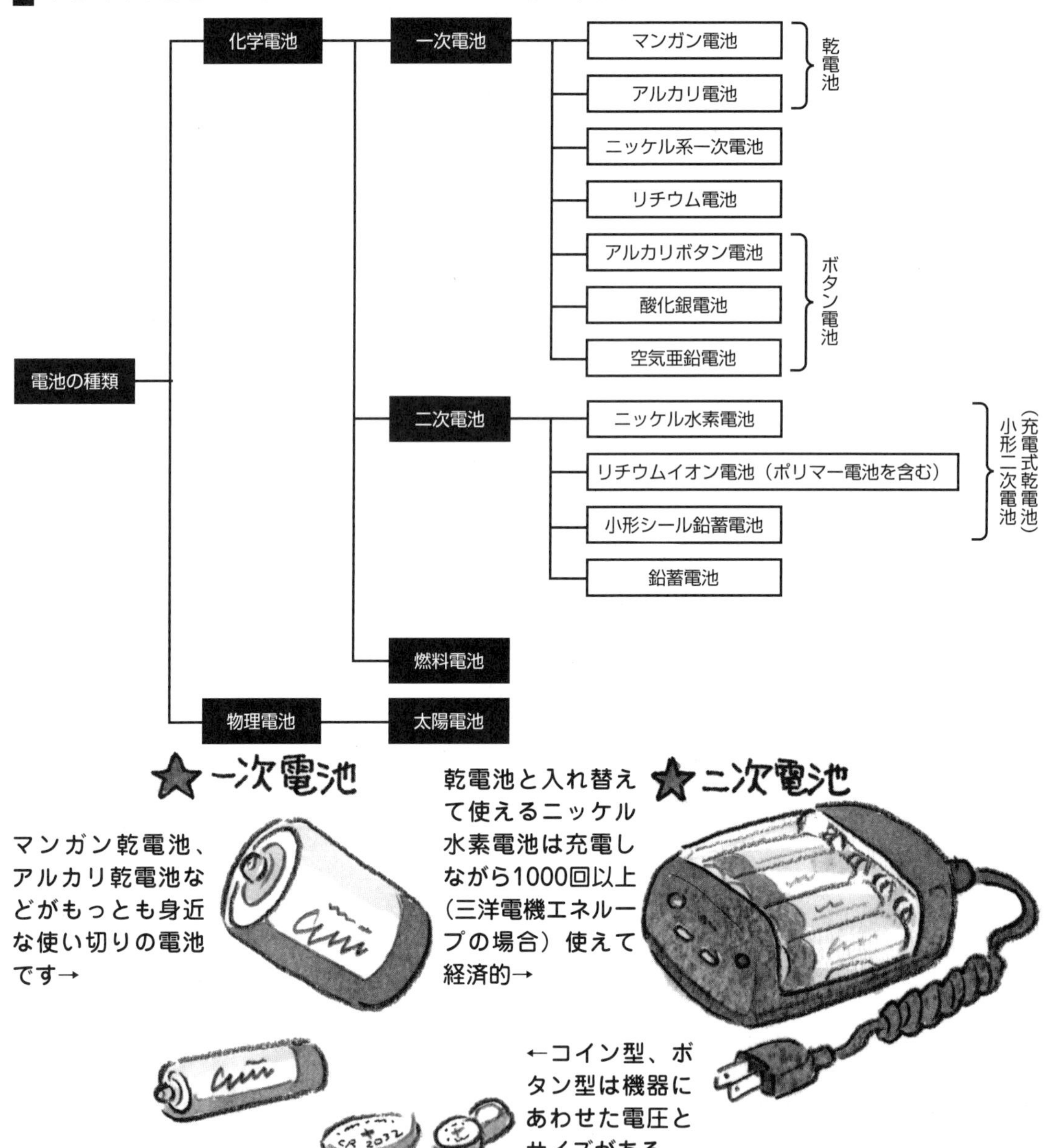

非常に多い電池の種類

あらゆる場所で使われる電池は発電原理や使用材料により4000種類以上あるとされています。それらをグループごとにまとめていくと化学電池と物理電池になりますが、図のとおり大部分は化学反応を利用した化学電池です。その中で使い切りの電池は一次電池、充電して繰り返し使うものを二次電池と呼びます。燃料電池は宇宙利用から家庭の発電システムや将来の電気自動車へと身近なところでの利用が進んでいます。

物理電池に属する太陽電池は厳密には自ら発電する「電池」ではなく光を電気に変換する素子です。

本書では第1章以降、これらの電池の主なものについて歴史、仕組み、応用例などを解説していきます。

第1章

電池の誕生と発展

電気社会の起源となった「ボルタの電池」が発明された18世紀末から19世紀にかけては、蒸気機関が社会の近代化を推進している時代でした。しかし誕生したばかりの電池には多くの人々の改良や発明が集中し、明かり、通信、動力として利用され始めます。では、どのようにして電池は発展し、電気社会の基礎が作られていったのか？　この章ではそうした電池の発明の歴史と社会への普及の足跡を追っていきます。

■研究・発明期の電池

■歴史に見る電池の普及

ライデンびん　蓄えるのは静電気（電池発明以前）

☆静電気

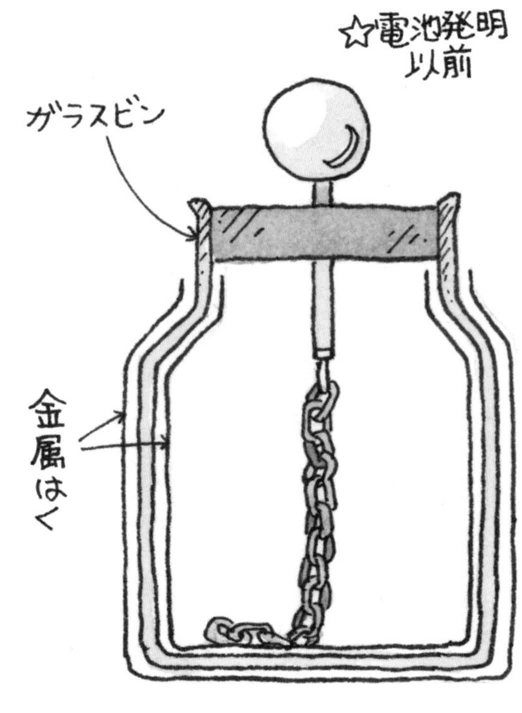

☆ライデンびん

電気の研究は静電気から

セーターを着て脇の下でプラスチックの定規や下敷をこすると髪の毛やこまかい紙片を吸い寄せるのは、静電気（摩擦電気）のしわざであることは誰でも知っています。2500年以上昔の古代ギリシア時代から琥珀（こはく）を毛皮でこすると物を吸い寄せることは知られていましたが、琥珀には不思議な力が秘められていると考えられていたようです。

1660年ごろ、ヨーロッパで琥珀以外にも硫黄やガラスでも静電気（摩擦電気）が発生することが解り、硫黄の玉を回転させて電気を起こす摩擦発電機も作りだされました。

電気を通す物質、通しにくい物質、電気の伝わる速さ、人体にショックを感じさせるなど、科学者達の電気に関する研究が進み、静電気を蓄えておくことができるライデンびんが発明されました。

これは電池のように自ら発電するものではなく外部で発生した静電気を蓄える蓄電器（コンデンサ）なのです。

ライデンびんは1746年、オランダのライデン大学のミッシェンブルーク物理学教授が考案したといわれています。構造はガラスびんの内外両面に金属はく（鉛など）を張り、内側のはくは鎖と金属棒で外部の球体につながっています。球体部に静電気を帯びた物質が触れるとガラスビン内外の金属はくの間に電気が蓄えられます。その後球体にふれると蓄えられた静電気が一気に放出されます。

安定した電流を得られる「電池」が発明される前の時代にはこの装置が科学者達の電気の研究に役立っていたのでした。

研究・発明期の電池

ガルバーニ　かえるの脚が電池なの？

→ガルバーニはかえるの中に電気があると考えた。
→しかし、かえるの脚は電解液で、鉄柵、真ちゅうフックは
電極＝ボルタの電池と同じだったのだ！

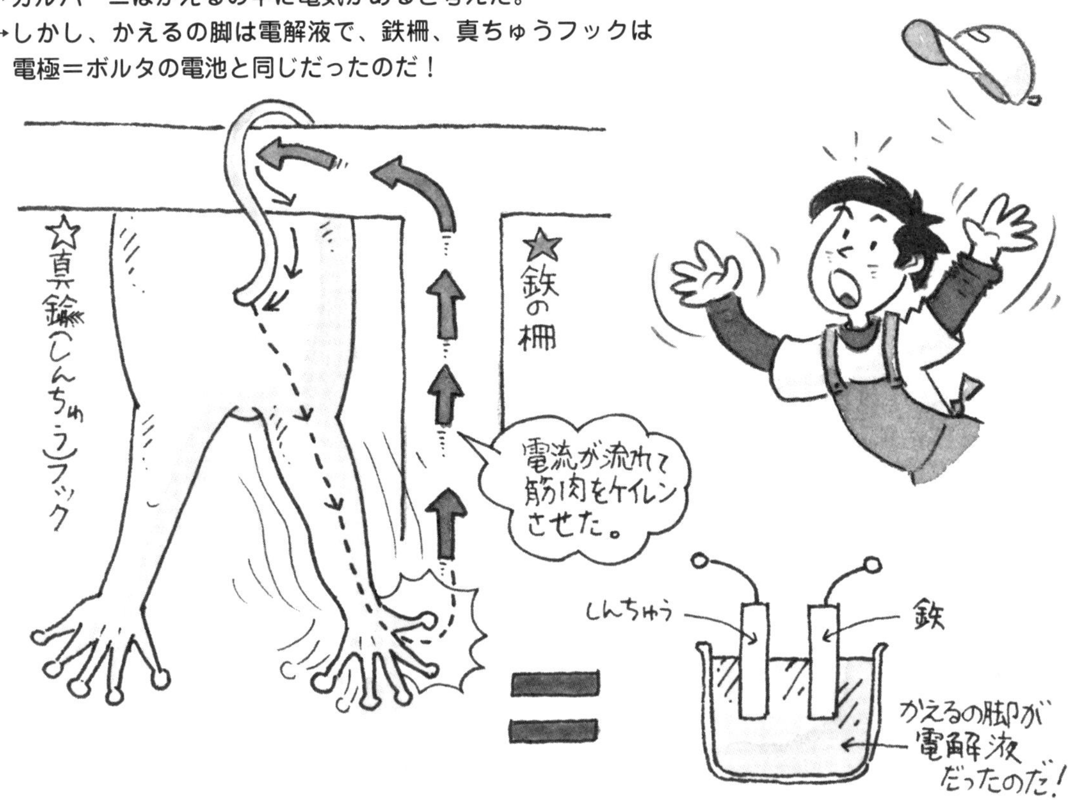

動物の電気？

イタリアのガルバーニは解剖学の研究中に筋肉や神経の刺激に対する反応を調べるためかえるの脚を使っていました。1780年のことです。金属はくの上に解剖したかえるの脚の神経や脊髄をおき、それを静電気で刺激するとかえるの脚は激しくけいれんしました。

しかし、あるとき直接静電気で刺激を加えなくても近くで摩擦発電機の火花が飛んだとき（スパークしたとき）にもけいれんが起きることに気が付きました。

ガルバーニは、空中に放電する電気に反応するならば、雷でもけいれんが起きるはずだと考え、しんちゅうのフックにかえるの脚を通し鉄柵につり下げてみました。案の定、雷の稲妻が光るとけいれんがおきます。ところが、雷のない晴れた日にもけいれんが起きることに気が付いたのです。

そこでガルバーニは空中の電気ではなく二種類の金属が原因ではないかと推測、その後金属板の上で、鉄や銅など各種の金属を使って神経を刺激することでこの現象が起きることを確認しました。

そしてこれは、動物の中にある電気の働きであるとして筋肉運動による電気の力の論文を発表します。1791年のことです。この論文は動物の中の電気が起こす現象として多くの人に支持されたのです。

ところが、イタリアの物理学者、ボルタはこの実験に別の解釈をしました。「動物の中に電気があるのではなく、二種類の金属と筋肉によって電気が発生したのではないか」と。これがボルタの電池のはじまりです。

研究・発明期の電池

ボルタの電池　人類が初めて手にする連続電流

→電極、電解液を各種変更することで様々な電池の元ができる。
→この後開発される電池の基本の形になる。
→電子の流れの逆が電流の流れとなる。

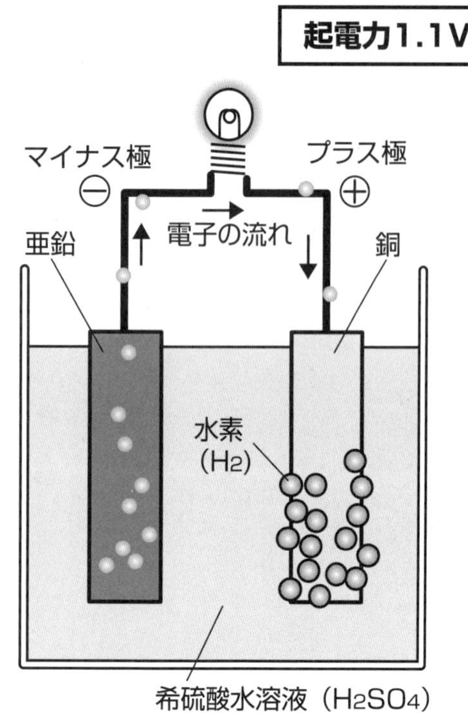

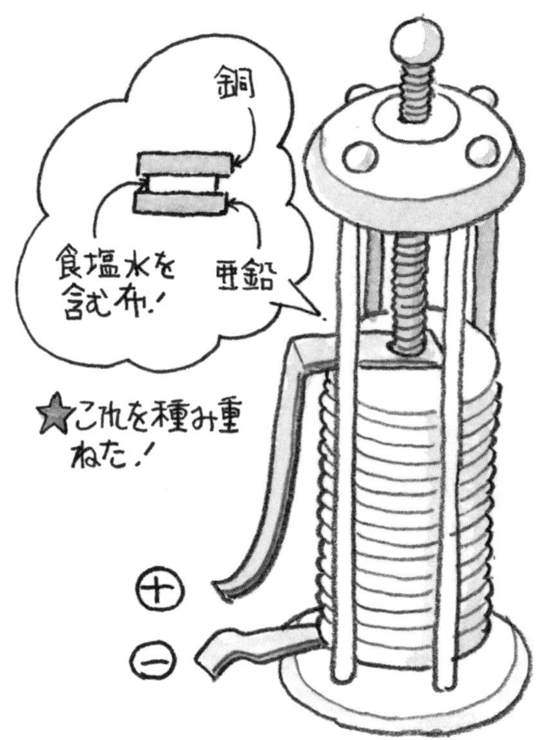

電池の基本形がこれだ

前ページのガルバーニのかえるの実験から電池の理論を導きだしたボルタは、二つの異なる金属の間に湿った何かの物質があると、電気が発生するのではないかと推測したのです。その考えを元に1800年、亜鉛と銅の間に食塩水を含んだ布や紙を挟んだものを積み上げ、連続的に電気を発生する「電池」を作り上げました。「ボルタの電堆（でんたい）」と呼ばれます。かえるの脚の筋肉のかわりの湿った布や紙が電解液となったのです。

しかしこの2種の金属と電解液のユニットを積み重ねた構造では、各ユニットの側面から塩水（電解液）が流れ出て、漏電状態になるため、高い電圧を出すことができませんでした。のちにボルタは、小さい容器に上の図の左にあるような電池ユニットを直列に並べて、効果的に高い電圧を得ることを可能にしました。1ユニットの発生する電圧はおよそ1.1Vです。

ボルタ電池は、電池の基本形として現在でも電池の実験によく使われます。電解液に希硫酸水溶液、電極にはプラス極に銅、マイナス極に亜鉛を使用します。溶液中で亜鉛は亜鉛イオン（Zn^{2+}）となって溶け出します。亜鉛板に残されたその分の電子（マイナス）は導線を伝わって銅板に流れます。銅板の表面では、溶液中の水素イオン（H^+）を受取り、水素（H_2）が発生します。プラス極の表面に泡が生じてきますがこれが水素です。

ボルタ電池のおかげで人類は初めて安定した電流を得ることができるようになり、電気の研究は加速していきます。

研究・発明期の電池

ダニエル電池　ボルタを改良、使える時間が長くなる

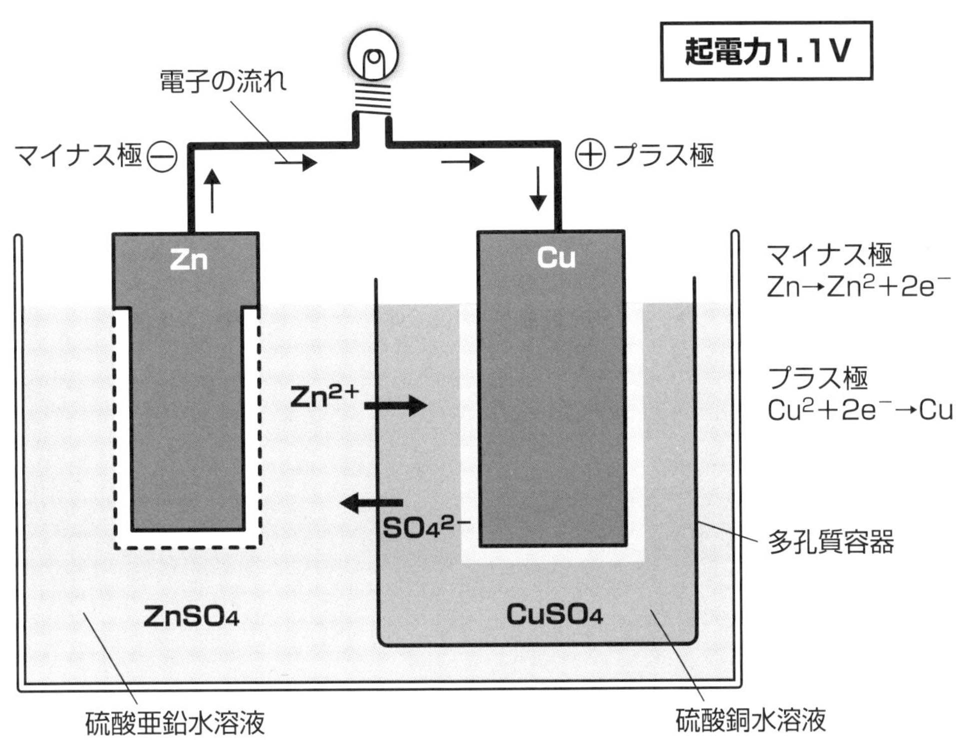

ポイントは電解液の分離

ボルタ電池の改良形として登場したのがダニエル電池です。ボルタ電池では、放電していると陽極で発生した水素が表面に付着して亜鉛イオンを十分引きつけることができなくなり電圧が下がってしまうという欠点がありました。ダニエルはその点を改良し、1836年ダニエル電池を発明しました。

二つの電極を浸す電解液を分離してプラス電極から電流のさまたげになる気体（水素）が発生しないようにしました。そのため継続的に電流を流すことが可能になったところが特長です。

上の図のようにマイナス極になる亜鉛は硫酸亜鉛（$ZnSO_4$）の溶液にそのまま浸し、プラス極になる銅は硫酸銅（$CuSO_4$）溶液を入れた別の素焼き容器の中に浸し、それを硫酸亜鉛液に浸します。これで二つの液は混ざり合うことはなくなりますが、素焼きの容器には非常に細かい穴があいていてイオンのみが通過できるようになっています。

マイナス極となる亜鉛板からは電解液中に亜鉛イオン（＋）が溶け出しプラスイオンが増加した状態になります。その結果として亜鉛板であまった電子（－）は銅板に向け導線を伝わって流れていきます。

プラス側溶液中の硫酸イオン（－）は素焼きの容器を通してマイナス側の亜鉛イオン（＋）と容易に引きつけあうことができます。

プラス極の銅板上には、流れ込む電子と硫酸銅溶液中の銅イオン（＋）が結合し銅を析出しますがボルタ電池のような電流の妨げとなる水素ガスは発生しないのです。

研究・発明期の電池

ルクランシェ　画期的！マンガン電池の基礎作る

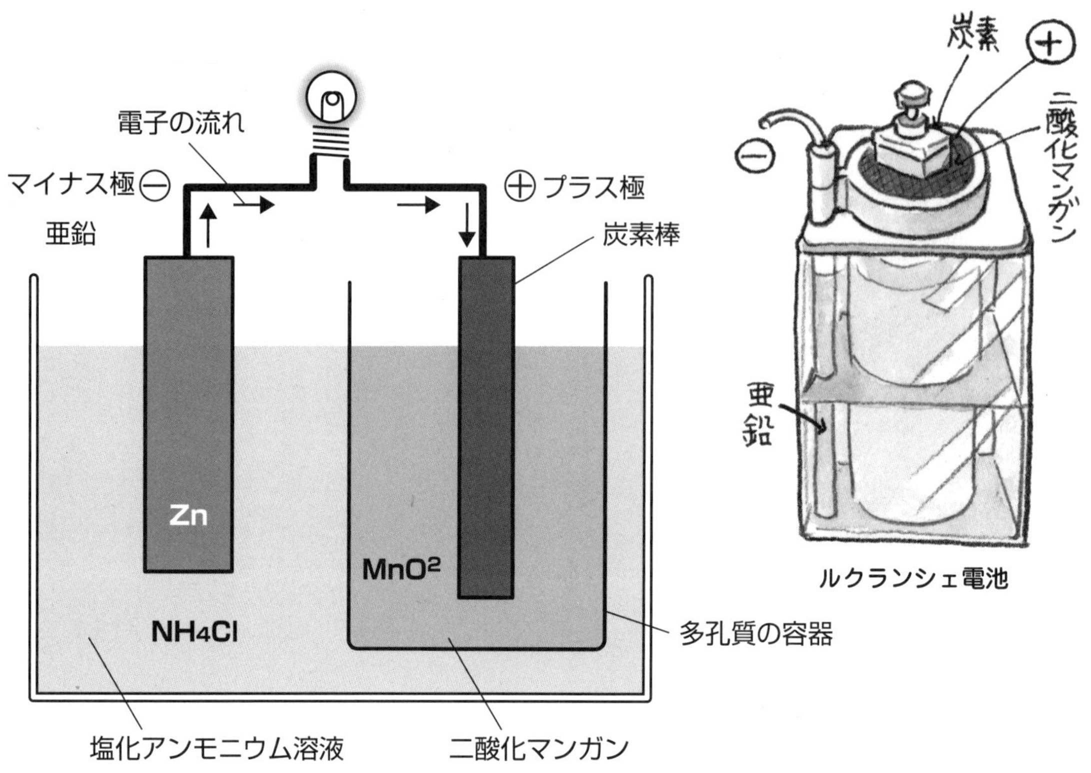

ルクランシェ電池

電池史上画期的な発明！

ダニエル電池登場から32年、日本では明治維新の年、1868年にフランスの技士ルクランシェが画期的な電池を発明しました。

ボルタ電池の「プラス極に水素が発生して電流が妨げられる」という問題を解決するためにダニエルが「2種の電解液を素焼きの器に入れて分離する」という手法を用いたのに対し、ルクランシェは「プラス極に二酸化マンガンを加える」ことで解決しました。

すなわちプラス極で酸化作用を起こし、そこで発生する水素を水に変化（酸化）させました。電流の流れを妨げる水素を消してしまうことで解決したのです。これは現代のマンガン乾電池の基本構造と同一で、電池発展の歴史の中でも画期的なものとされています。

ただ、電解質が液体であるため取り扱いが面倒という難もありました。

構造は上の左側概念図の通り、マイナス極を亜鉛に、プラス極を多孔質の容器に入れた二酸化マンガンと炭素棒として、それらを塩化アンモニウム溶液に浸したものです。

実際の形状は右の図のようなガラス容器に収められていました。起電力はダニエル電池よりも高く、約1.5Vを発生し、かつ長時間使用が可能のため、発達しはじめた電信や電話の電源に一度採用されると、長時間使用できるという性能が認められ、通信分野で急速に普及するとともに長い間使われました。

通信分野にまず導入されたのはルクランシェ自身が通信と関わりの深い鉄道会社技術者として電池の研究にとりくんでいたからかもしれません。

研究・発明期の電池

屋井先蔵　初めて作った乾電池

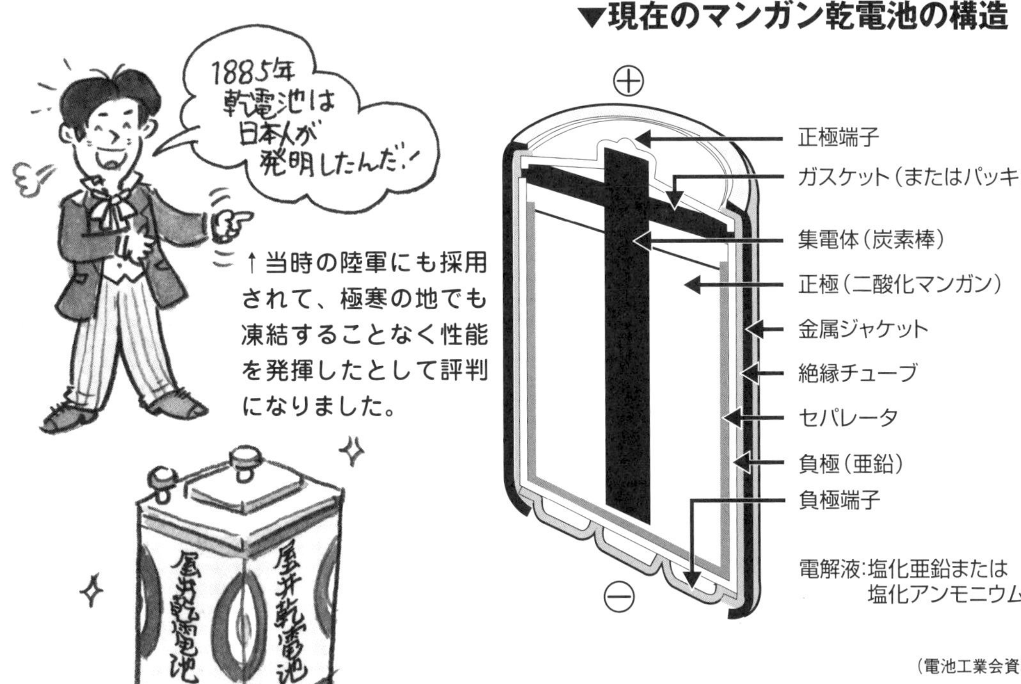

屋井先蔵（やいさきぞう）氏の乾電池は特許を申請しなかったので正式の特許人は別になっています。しかしその性能が認められ屋井乾電池は長く人々に使われました。

ルクランシェ電池の改良

マイナス極に亜鉛、プラス極に二酸化マンガンを使用したルクランシェ電池は電解質が液体の塩化アンモニウムであったため、取り扱いが面倒でした。そうした中で1880年代後半、時期を同じくして各国で液体を使わない電池の研究が進められました。

1888年ドイツのガスナーは塩化アンモニウムをゲル状にして液がこぼれない電池を発明しました。乾電池のはじまりです。

しかし、それ以前の1887年（明治20年）に日本でも屋井先蔵という人が同じような乾電池を完成させています。屋井さんは1885年に電池で正確に動く連続電池時計を発明しています。そこで使用されていた電池は液体式の電池（ダニエル電池など）で、取り扱いが面倒、寒い冬場には凍結して使えないなどの問題がありました。これを改善するべく電池の改良を進めました。電解質がしみ出てプラス極が腐食するなどの問題を、炭素棒にパラフィンをしみこませることにより解決して独自に乾電池を完成させたのです。

最も一般的なマンガン乾電池

乾電池は簡単に携帯できるので、利用分野も懐中電灯など身近な道具に広がりました。バラツキの多い天然二酸化マンガンは1945年ごろから工業的に製造されるものが混用され品質の均一性も保たれました。さらにその後電解液や構造など大幅な改良などが進み、現在も上図右のような高性能マンガン電池として広く私たちに利用されています。

研究・発明期の電池

鉛蓄電池は充電可能！二次電池として初登場

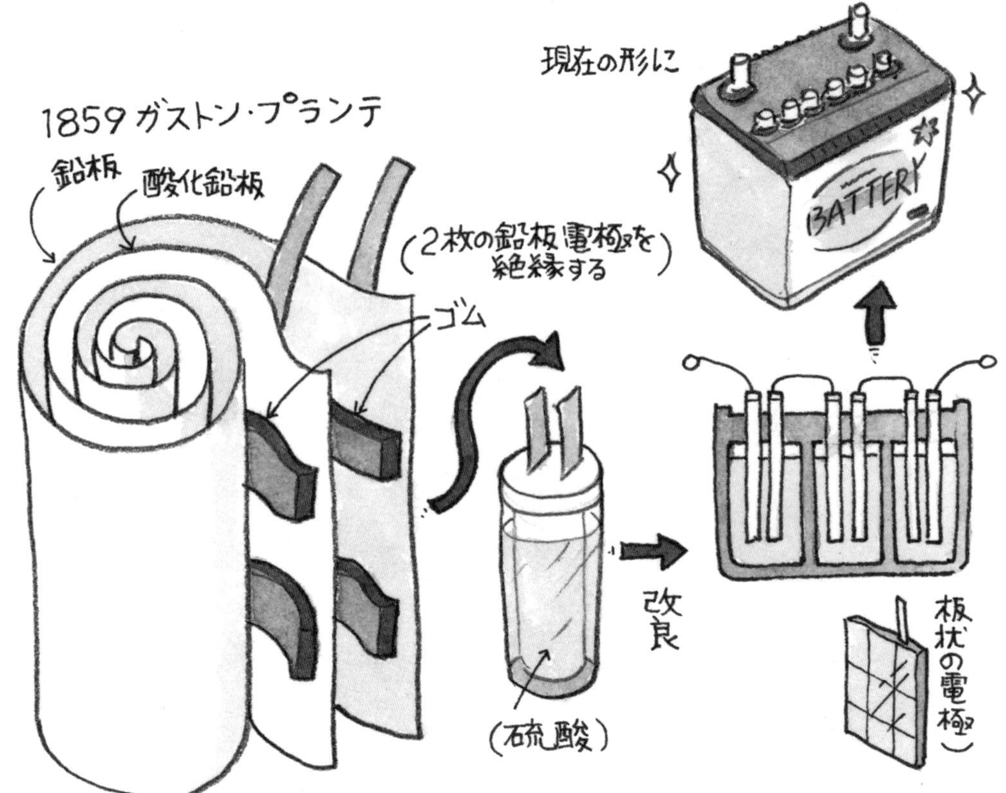

巻物形式からスタート

1859年、フランスのガストン・プランテは鉛蓄電池を発明しました。2枚の電極（プラス極は鉛、マイナス極は酸化鉛）の間に帯状のゴムをはさんで巻物状に巻き、電解液（硫酸液）に浸しています。それまでの電池が、一旦放電してしまったらもう使えなかったのに対し、充電することで何度でも使えるという大変便利なものでした。

現在、使い切り電池を一次電池、このような充電式電池を二次電池と呼んでいます。これは初めての二次電池だったわけです。

形状に改良が

この初期の鉛電池、1881年にはカミーユ・フォーレによって改良がなされ、今私たちが見る形になりました。

構造はプラス極が鉛の格子状、マイナス極が鉛の格子に酸化鉛のペーストを圧縮成型したものを何組も直列にして電解液に入れてあります。そのため簡単に目的の電圧の蓄電池を大量生産できるようになりました。

液漏れや液面メンテナンスへの対策として1970年代にはゲル状電解液電池も登場しています。

鉛蓄電池の特長として、(1)短時間に大電流を流す。(2)長時間にわたっておだやかな放電を続ける。のいずれにも安定して使用できることもあって、今日にいたるまで社会のあらゆる場所で利用され続けてきました。

誰でも目にする身近な自動車用バッテリから、鉄道、船舶など大型輸送機関内の電源、工場、事務所のコンピュータを守る非常用電源として大切な働きを担っているのです。

研究・発明期の電池

「ニッケルカドミウム」、「ニッケル鉄」も二次電池

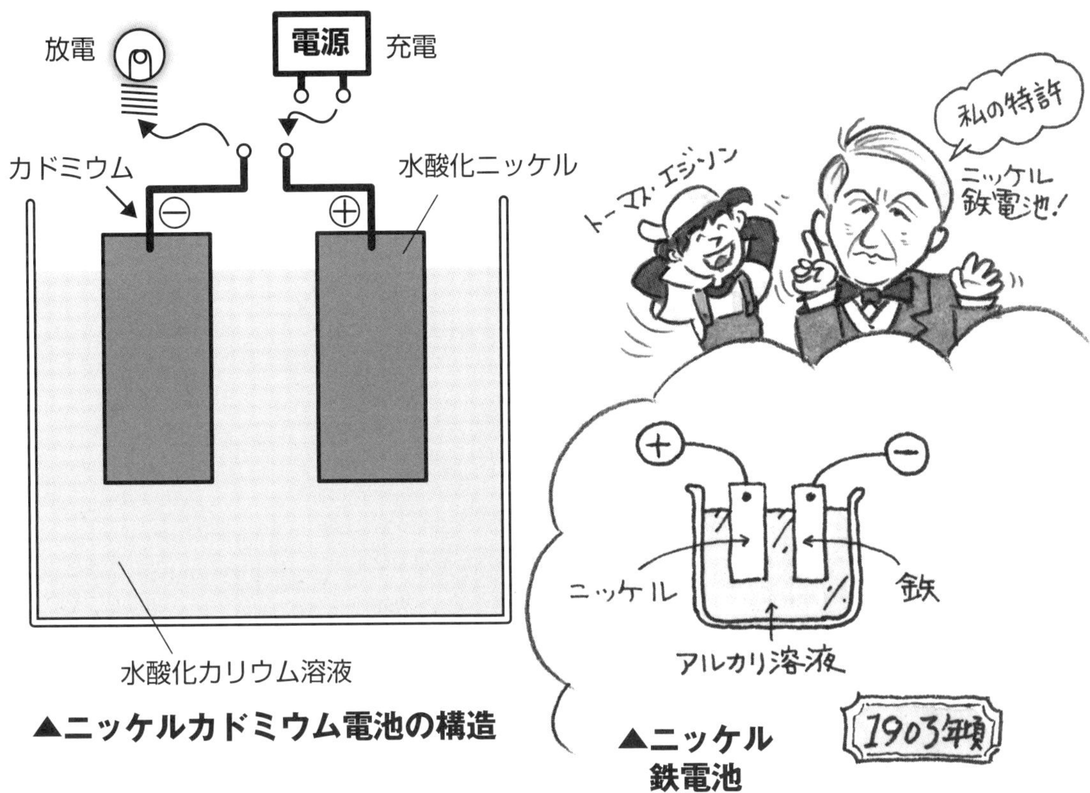

▲ニッケルカドミウム電池の構造

▲ニッケル鉄電池

二つの特許

1899年、スウェーデンのユングナーは充電できる電池としてニッケルカドミウム電池とニッケル鉄電池を開発しました。しかしユングナーは二つのうち性能が劣ると考えた後者について特許を申請しませんでした。その間にアメリカのエジソンが特許申請したため、ニッケル鉄電池はエジソンが発明したことになりました。

発明者のいきさつはともかく、両電池とも充電することで再び使用可能になったということは画期的でした。

ニッケルカドミウム電池は、マイナス極にカドミウム、プラス極にオキシド水酸化ニッケル（NiOOH）、電解質にアルカリ（水酸化カリウム）溶液を用いています。起電力は1.2V、電流の流れを妨げる分極作用が少ないため大きな電流を長時間流すことができました。材料が高価なため実用化は遅れましたが、1910年にスウェーデンで商業化され、1946年に米国でも販売されるようになりました。

日本でも1963年～64年に三洋電機、松下電器産業（現パナソニック）が一般向け市販を開始、充電池時代がはじまりました。

ニッケル鉄電池

エジソンの特許になったニッケル鉄電池はマイナス極に鉄を用いたものです。エジソンはこの電池を当時の自動車の主流だった電気自動車の重い鉛電池に代わるものとして研究を進めたようです。

しかし肝心の自動車の動力がガソリンエンジンへ移行してしまい目的を遂げることはできませんでした。

歴史に見る電池の普及

日本初の電気のあかり　灯したのはグローブ電池

<<その3月25日は電気記念日となった>>

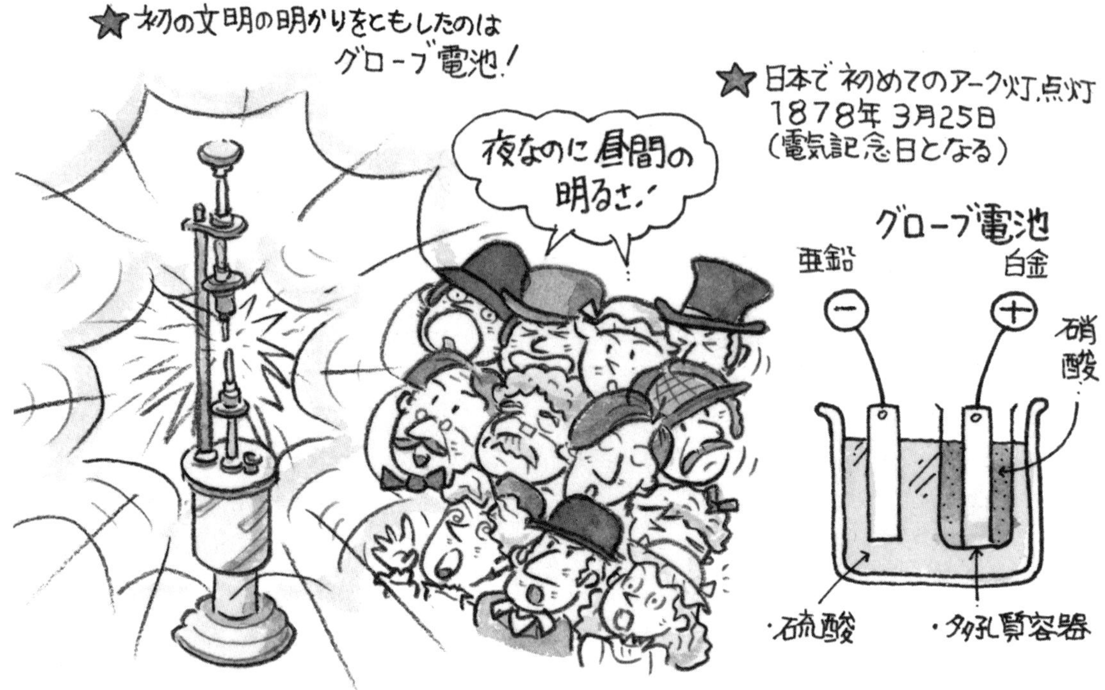

アーク灯とグローブ電池

江戸が東京に変わり、日本は200年間の鎖国による文明科学の空白を埋めようとして一気に外国の技術を取り入れ始めました。それらの多くは電気に関係するもので、電源に各種電池や発電機が使われていました。

文明の光として「電気による照明」が大勢の人々の前で初めて灯されたのは明治11年(1878年) 3月25日。場所は東京・虎ノ門の近くにあった東京大学の前身、工部大学校講堂で開かれた電信中央局の開局祝賀会の会場でした。

照明装置はイギリスのハンフリー・デービーが発明した「アーク灯」です。アーク灯は狭い間隔をあけた二つの電極の間に電圧を加え、電極間にアーク（電気の炎。火花ではない）を生じさせるもので、紫外線を含む強力な光と熱を発します。

点火を行ったのは工部卿の伊藤博文から命ぜられたイギリス人、エアトン教授です。アーク灯は講堂の天井に設置され、電源として、50個のグローブ電池が使われました。

グローブ電池はダニエル電池登場の3年後にイギリスのグローブが発明したものですが、高価な白金を使うため短期間にルクランシェ電池におきかえられた歴史があります。グローブはむしろ燃料電池の発明者として知られています。

この実演は大成功で、集まった150名を越える人々は、ほとばしる光に「不夜城に遊ぶ思い」と感嘆の声をあげたと言います。

明治の錦絵にある銀座の街のアーク灯がともったのはそれから4年後のことでした。

歴史に見る電池の普及

電信電話　電気通信網拡大を支えた電池たち

驚異の通信網拡大

明治維新は新しい交通・通信の始まりでもありました。新橋—横浜間に日本初の鉄道が開通するより3年も前の明治2年（1869年）、東京・横浜間で電信実用化がなされています。明治11年には東京の木挽町に電信中央局が開局、日本全国を縦断する電信網が完成という超スピードです。明治10年ごろまでは年間40万通〜50万通だった電報通数はそれ以降90万〜100万通を突破するようになりました。

電信が早くから導入されたのは警察と日本の産業を支える炭坑や鉱山でした。

電信の初期は紙テープ上に信号を記録していくものでしたが、後にはキーで送信して音響で受信する方式で1分間に75文字の送受信ができるようになりました。

電話の研究も進み明治11年に最初の国産電話機が作られていますが、電話交換が開始されたのは1890年（明治23年）からでした。

電池が支えた電気通信

こうした電気通信をささえる陰の力となったのはもちろん電池でした。電信・電話用に使われた電源はほとんどすべてが一次電池で、そのうちの85%がダニエル電池でした。

また灯火用としても電池は使われ、明治16年頃に灯火用にグローブ電池のプラス極に使われている高価な白金を、炭素に変えた「ブンゼン電池」などの一次電池が使われていたという記録があります。

明治35年以降は外国製の蓄電池（二次電池）も使用されるようになりました。

歴史に見る電池の普及

電気が普及、電池の利用も広がる

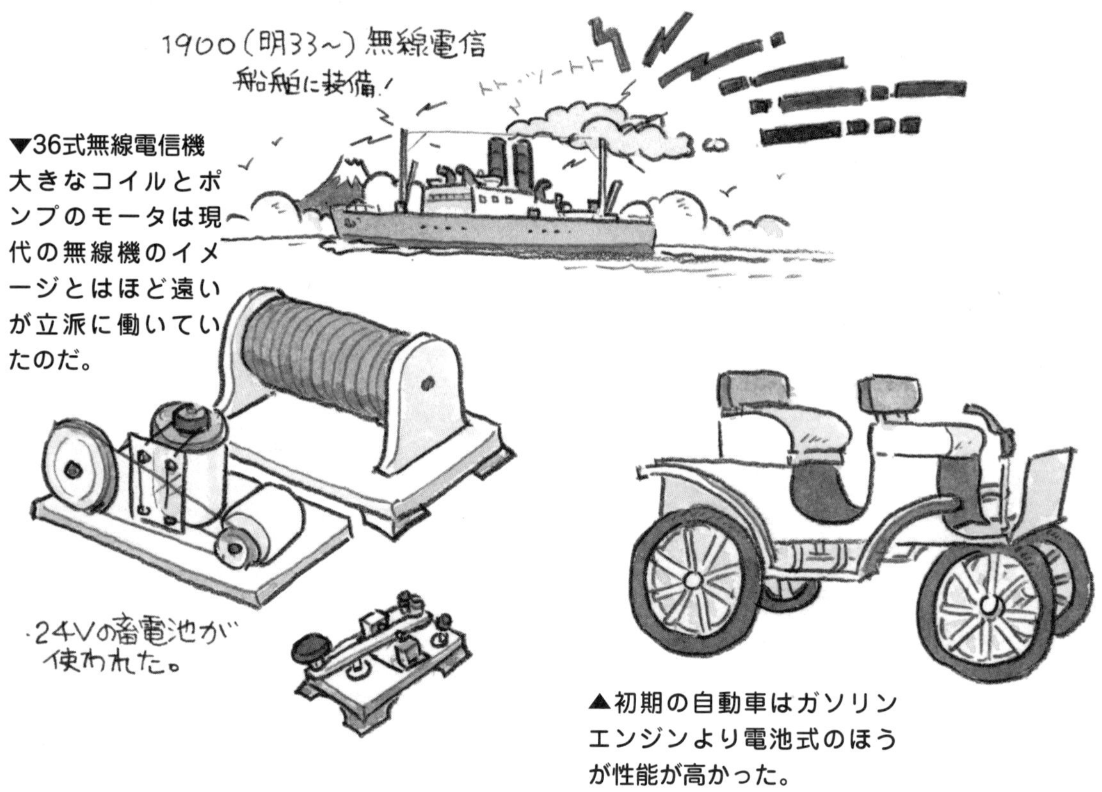

▼36式無線電信機
大きなコイルとポンプのモータは現代の無線機のイメージとはほど遠いが立派に働いていたのだ。

▲初期の自動車はガソリンエンジンより電池式のほうが性能が高かった。

電灯会社の電気が誕生

文明開化の波とともに電気は次第に人々とのかかわりを強めていきましたが、今日のように電力会社の発電所からすべての家庭まで電線によって電気が供給されるようになるのはまだ先で、電気を使う装置には電池か個別の発電機が使われる場面が多かったのです。

1885年、大阪の紡績工場では自家発電装置による初の電灯が灯されました。鹿鳴館の電灯もはじめは移動式発電機によるものです。電灯会社（今日の電力会社）は1887年には東京から神戸にいたる主要都市で誕生、東京ではこの年、日本初の火力発電所（出力25キロワット）から電線による配電が開始されました。その電気は210Vの直流で、現在（100Vの交流）とは違うものでした。

始めに電灯が設置されたのは工場や役所だけで当初の電灯数は130灯ぐらいだったようですが、5年後には1万灯にまで普及しています。電灯会社という名称からも、最初はあかりを点すことが主な目的とされていた電灯会社ですが、動力としてモータが普及しだすと電気を動力源として供給するようになっていきます。東京の浅草に出来た通称、十二階と呼ばれた凌雲閣ではエレベータが設置され、東京電灯から供給された電力がその初めての動力用電力となりました。

移動体の電池

電気応用機器の普及が進むとともに、電池は移動する交通機関の照明、信号、動力その他電気を利用する機器のために欠かせないも

歴史に見る電池の普及

無線電灯やラジオで家庭にも電池が普及

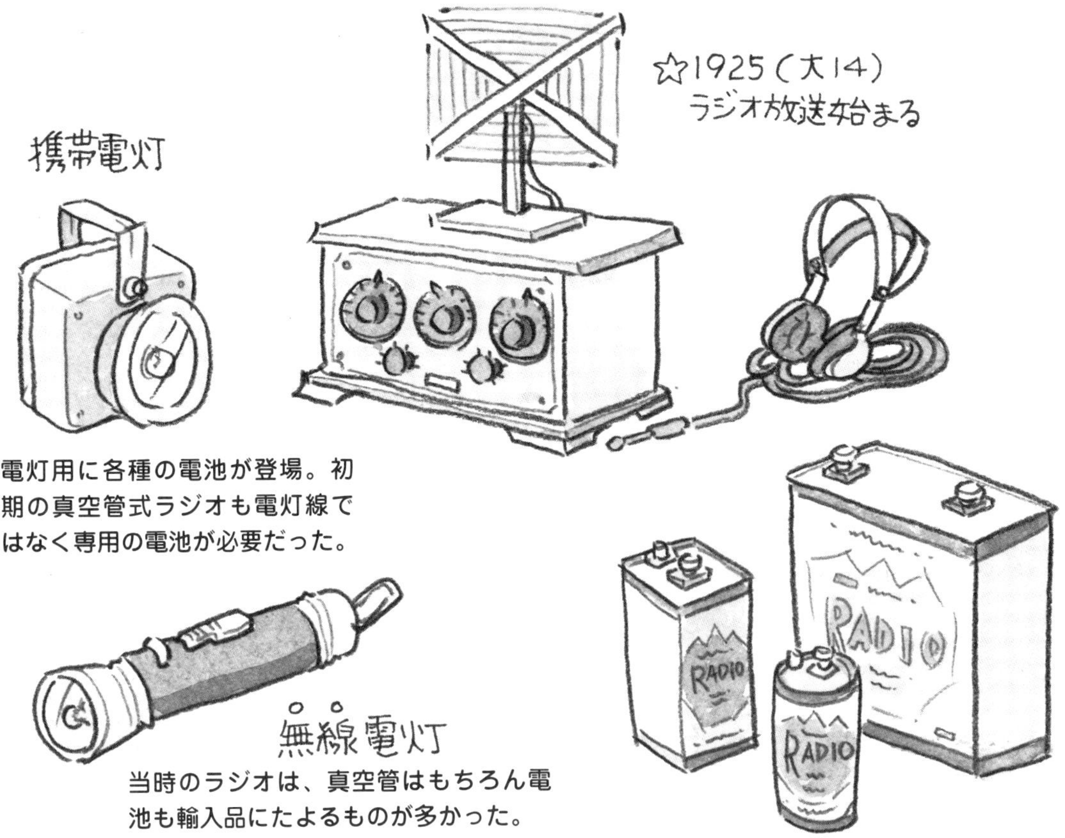

電灯用に各種の電池が登場。初期の真空管式ラジオも電灯線ではなく専用の電池が必要だった。

当時のラジオは、真空管はもちろん電池も輸入品にたよるものが多かった。

のになっていきます。馬車の車体から馬をはずした形のまま、モータを積んだような形の自動車も海外から輸入されて日本の街を走るようになります。電池は一次電池、二次電池（鉛蓄電池）ともに利用されていました。

初期の自動車は電気車が優勢でしたがそれは短期間で、性能が向上したガソリンエンジン車の生産が開始されると衰退していきました。しかし、今や消えたと思った電気自動車もエネルギーと地球環境問題の解決策として注目され、新しい電池の開発を促しているのはおもしろいですね。

無線電信、無線電灯？

1900年以降は多くの軍艦、定期船、商船に無線電信を装備するようになります。

戦艦三笠に搭載されたのは「海軍36式無線送信機受信機」。蓄電池による24Vの電源を使用、到達距離は130キロメートルの能力がありました。1905年、日露戦争でロシア海軍バルチック艦隊との日本海海戦で効果を上げたという話はよく知られていることです。

同じ時代（1904年）、乾電池を利用した「無線電灯」というものが軍用品としてかなりの数が使われました。今の懐中電灯です。コンセントから電気をひっぱってこないので「無線」電灯と呼ばれたのです。前のページで紹介した屋井先蔵さんの発明した乾電池が大活躍したという記録が残されています。

電池はまず携帯電灯などの照明器具から家庭に入っていきました。そして大正14年にラジオ放送が始まると、ラジオ用電池という新用途も電池の普及を促す要素に加わります。

歴史に見る電池の普及

停電、ガソリン不足　時代を写す電池の利用

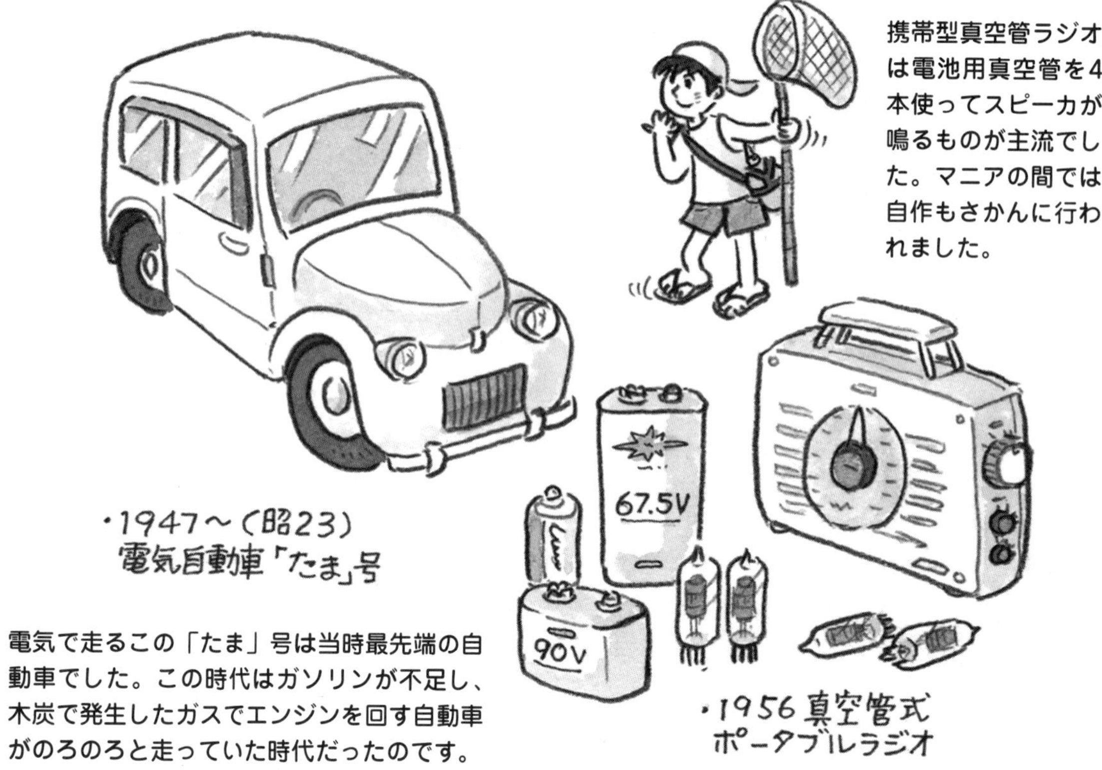

携帯型真空管ラジオは電池用真空管を4本使ってスピーカが鳴るものが主流でした。マニアの間では自作もさかんに行われました。

電気で走るこの「たま」号は当時最先端の自動車でした。この時代はガソリンが不足し、木炭で発生したガスでエンジンを回す自動車がのろのろと走っていた時代だったのです。

停電用の予備電源

電灯が普及し始めたころには、電灯会社からの電気も停電になることが多く、電池は活動写真館や演芸劇場などで予備電源として大切な役割を持っていました。まわりは停電で暗い中でも煌々と明かりを灯す建物は人々の注目を浴びました。

昭和時代を反映した電池

第2次世界大戦に敗れ、物資のない日本で1台の電気自動車が誕生しました。戦争中、ガソリン不足に対応するため研究されていた電気自動車が実用化したのは、その戦争が終わったあとの1947年だったのです。製造した東京電気自動車の流れはその後紆余曲折を経て現在の日産自動車につながっています。

床下に鉛蓄電池を収め、1回の充電で走れるのは100km足らずでしたが、バスにも利用され、後のトロリーバスの基礎にもなりました。ガソリン不足に対応したものの、その後の朝鮮戦争による鉛不足で電気自動車としては消えていきました。

電池管携帯ラジオが流行

同じころ、アメリカから電池で働く小さい真空管（電池管）が入ってくると、それを使った小型（といっても弁当箱ぐらい）の携帯ラジオが流行しました（1950年代）。

このラジオには1.5Vの小さい乾電池を20個～30個以上直列に積み重ねて30V～90Vの電圧にした積層乾電池と、フィラメント用に1.5Vの単一乾電池が使われましたが、頻繁に交換しなければなりませんでした。

第2章

進化を続ける最新電池

電池の発明から一般普及への動きの過程で私たちが日常生活の中で手にしたのは一次電池として「マンガン乾電池」、二次電池として「鉛蓄電池」が主なものでした。しかしその後、省エネルギー、環境保護といった社会の要請に応えて電池の改良は加速し、進化を続けています。その結果、家庭用太陽電池や燃料電池、各種最新電池を使う個人用携帯機器等、新しい電池が私たちのライフスタイルを変えつつあります。ここでは各種最新電池とその仕組みを見ていきましょう。

改良進む小形一次／二次電池

一次電池 アルカリマンガン電池

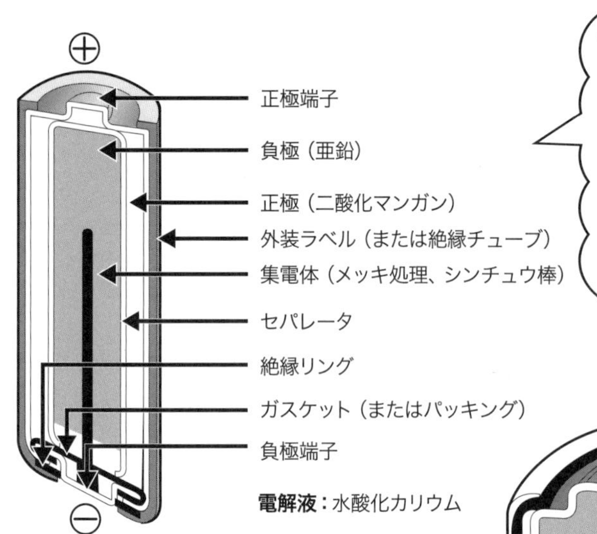

以前のマンガン電池の約2倍の容量をもち、3～5倍長持ちするアルカリマンガン電池は、大きなパワーを必要とするデジタルカメラや電動モータを連続的に使用するおもちゃなどに向いている。

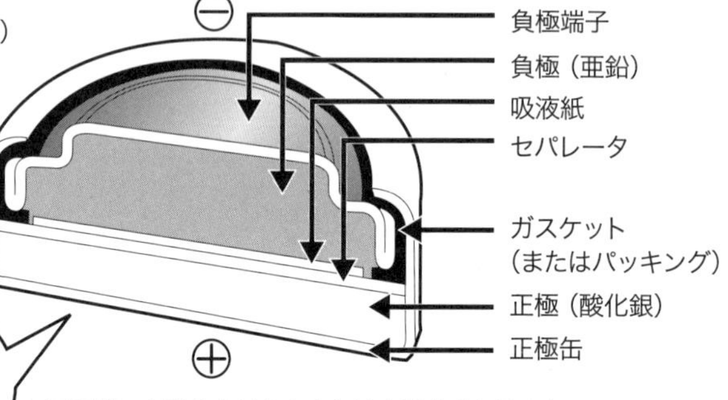

酸化銀電池は低温でも大丈夫、液漏れ完全防止、高容量といった性能向上により腕時計用に性能特化されました。

▲機器の小型化にあわせたいろいろな形状の電池、コイン形、ボタン形も出現

マンガン乾電池がパワーアップ

以前のマンガン電池は電解質に塩化アンモニウムを使っていましたが、それに代えて水酸化カリウムまたは水酸化ナトリウムを使ったアルカリマンガン乾電池が日本で1964年（昭和39年）に発売されました。

この電池のすばらしさは大容量であることで、それまでのマンガン電池の約2倍になり、大電流が必要な機器に最適になりました。また寿命も3倍～5倍と大幅に伸びました。

▲現在のアルカリマンガン電池

電極としてプラス極に二酸化マンガン、マイナス極に亜鉛を使うのはそれ以前と同じですが、電解質がアルカリ性であるところからアルカリマンガン電池と呼びます。今、普段の会話では単にアルカリ電池と省略されることもあります。

1980年ごろから流行した自動焦点ストロボ内蔵カメラ、ヘッドホンステレオ、ミニ四駆など、瞬間的な大電流を必要とする機器に最適なところから大量に使用されるようになりました。ボタン形やコイン形のものなど時計やゲーム機などの小型製品に合わせた外形や寸法のものも登場しています。

電極や電解質素材により種類も豊富ですが、上の図にある「酸化銀電池」は、プラス極に酸化銀、マイナス極に亜鉛、電解質に水酸化ナトリウムや水酸化カリウムを用いたもので、腕時計用として広く利用されていました。

改良進む小形一次／二次電池

一次電池 リチウム電池

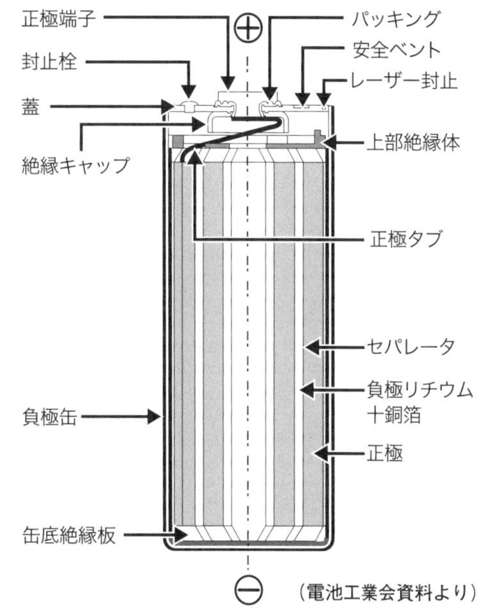

▲リチウム電池は高性能！　電圧が3Vと高く、容積あたりのエネルギー量はマンガン電池の最高10倍にもなる。水分のない電解質のため低温でも使える

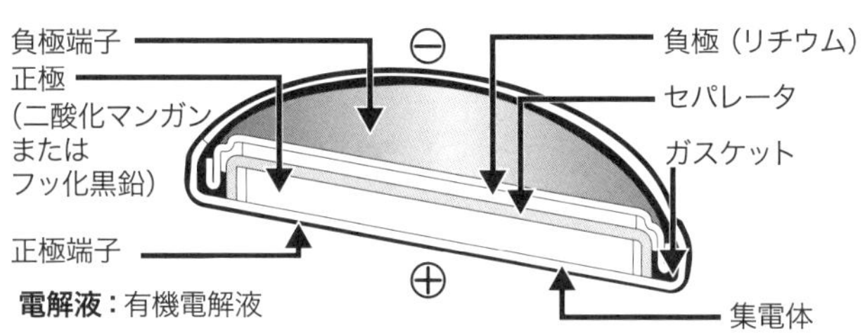

▲コイン型リチウム一次電池の構造

「リチウム電池」強く長く！

新たな一次電池としてはマイナス極にリチウムを用いる「リチウム電池」が登場してきます。マイナス極にリチウムを用いる電池を総称して「リチウム電池」と呼びますが、プラス極に使用する材料は、二酸化マンガン、フッ化黒鉛その他各種あり、その違いによりいろいろな種類にわけられます。

米国ではNASAで宇宙開発や軍需用としての研究が先に進んでいましたが、日本では1960年代に一般用として研究され、日本が世界にさきがけて実用化しました。

1973年にフッ化黒鉛リチウム電池が、1975年に二酸化マンガンリチウム電池（電圧は共に3V）が日本で開発されています。

コイン型のリチウムイオン電池は家電製品、パソコン、OA機器のメモリバックアップや時計機能の電源として広く使われています。筒形のものは、全自動カメラの電源に使用されました。

長時間の使用に耐える一次電池として塩化チオニルリチウム電池（起電力3.6V）は、エネルギー密度の高いのが特長で、ガスメーターや電力メーターの自動検針システムや電子機器の保安用電源として用いられています。

長時間安定した電圧が得られるのが特長のリチウム電池の放電特性例。Aは二酸化マンガンタイプ、Bは塩化チオニルタイプ ▶

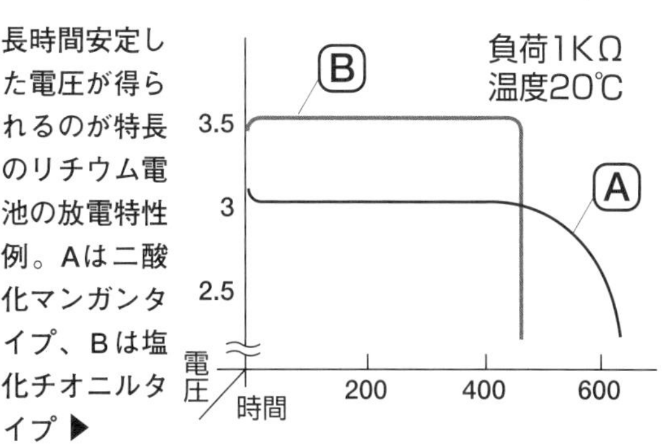

改良進む小形一次／二次電池

今の主流はニッケル水素　繰り返し使用可能な小形二次電池

＋極：ニッケル、－極：水素吸蔵合金。充電時には水素イオン（Ｈ＋）が＋極から－極へ、放電時にはその逆に移動するだけで、電解液は反応に関係しないため電解液の増減はありません。▶

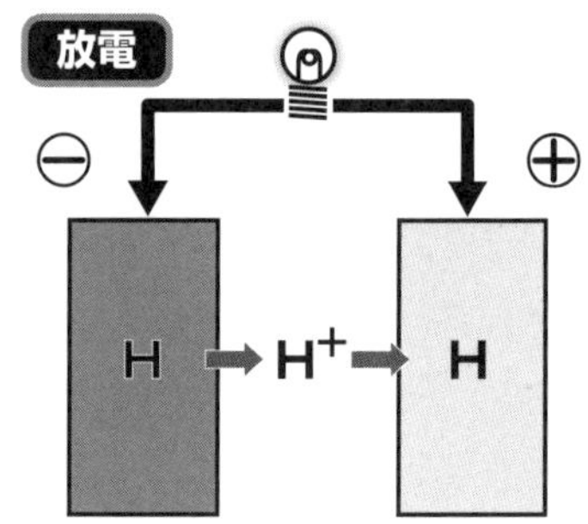

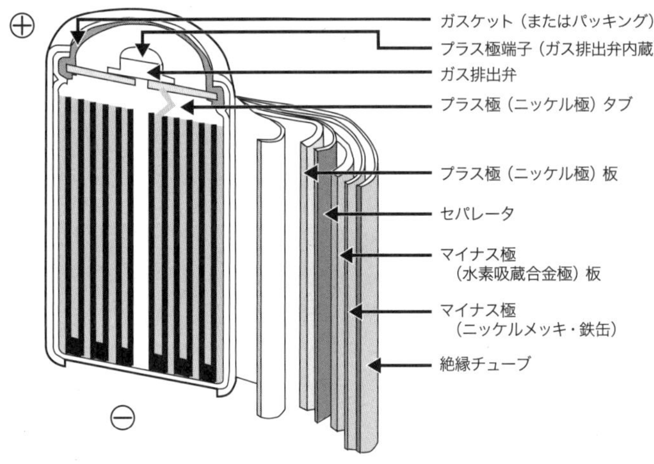

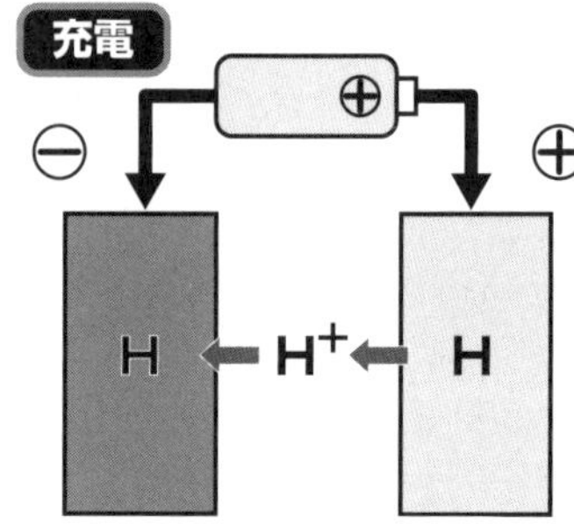

◀「水素吸蔵合金」は水素と反応してイオンの形でも水素を吸蔵、放出することができる特別な性質をもつ物質です。

繰り返し使用で経済的

使い切り電池（一次電池）の改良（容量拡大と長時間化）が進みますが、繰り返し使える充電式電池（二次電池）も、ニッケルカドミウム電池（ニカド電池）が1963年から64年にかけて三洋電機、松下電器産業（現パナソニック）により一般向けに発売されました。

マイナス極の活性物質にカドミウム、プラス極の物質にオキシ水酸化ニッケル、電解液にアルカリ溶液を用いる電池で、過放電や長期間放置しても性能低下が少ない頑丈さ、瞬間的な大電流に対応する安定性が特長です。

シェーバーやコードレス電話、非常用照明などの製品組込みとしてだけでなく、マンガン乾電池と互換性があるため経済性が高い小形二次電池として単体で広く使われました。

ニカドからニッケル水素へ

しかしそのニカド電池は環境にも影響をあたえるカドミウムを使用しているため、1990年登場したニカドと互換性のあるニッケル水素電池に置き換えが進みました。

ニッケル水素電池はマイナス極としてカドミウムの代わりに水素吸蔵合金を使用、ニカドと類似の特性をもち、500回の充放電ができ、しかもエネルギー密度はニカド電池の2倍以上あります。内部抵抗が小さいため電動工具やデジタルカメラなど瞬間的に大電流を流す機器にも適しています。

なおニッケル水素電池は普段私たちが使う電気製品用以外に、ハイブリッド電気自動車用の動力電池として実用化されており、さらに改良が進められています。

改良進む小形一次／二次電池

高エネルギーな リチウムイオン電池

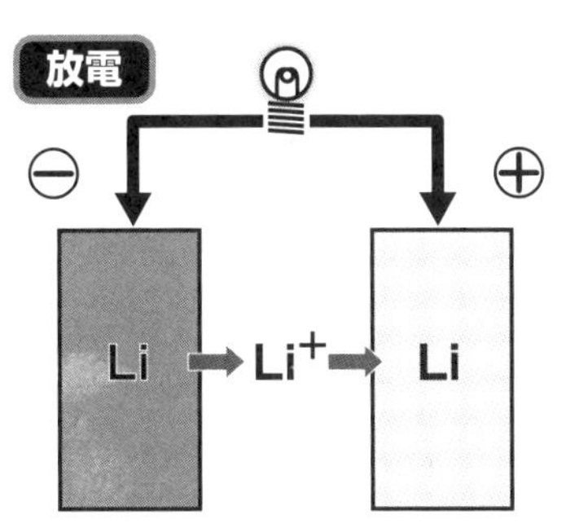

【放電時】－極の内部にあるリチウムイオンがセパレータを介して＋極に移動することで放電電流が流れる。
【充電時】＋極材料の中にあるリチウムイオンがセパレータを介して－極に移動することで充電電流が流れる。

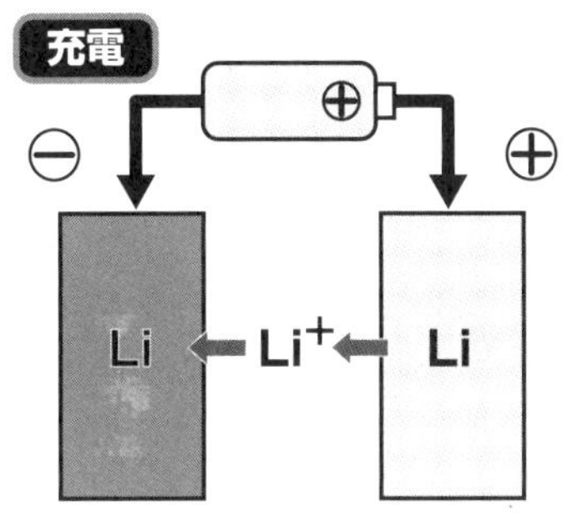

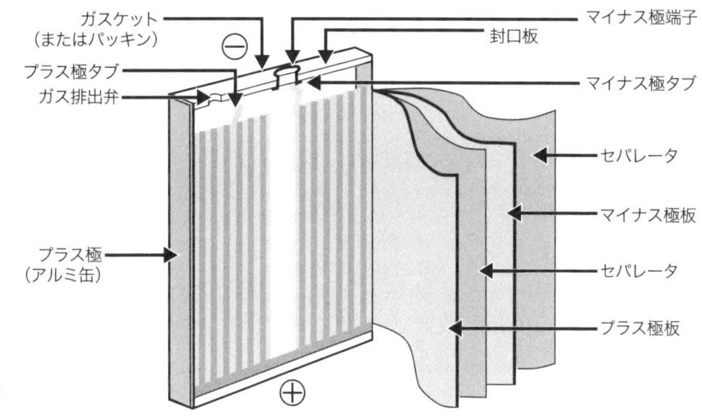

＋極：リチウムを含む物質（ニッケル酸リチウム、コバルト酸リチウムなど）
－極：黒鉛

リチウムイオン電池

ニッケル水素電池を越えるエネルギー密度をもつ電池として、1991年世界で初めて日本で量産化されたのがリチウムイオン電池です。軽量、高電圧3.6V、ニカドやニッケル水素電池に比較して自己放電が約10分の1と少なく、メモリー効果がないのも特徴です。

ただ、高エネルギーなだけに取り扱いに注意が必要で、通常はノートパソコンその他の機器に組込まれた状態やパック製品として提供され、単体での販売は行われていません。

構造は、プラス極がコバルト酸リチウムを主活性物質としたもの、マイナス極が特殊カーボンで、両者がセパレータをはさんで渦巻き状になっています。

充放電の基本はイオンの移動です。充電時はプラス極のコバルト酸リチウム中のリチウムがイオンとなってマイナス極の層の間に移動し、放電時はリチウムイオンがプラス極に移動してもとの化合物になることでそれぞれ電流が流れるのです。

登場以来10数年でエネルギー密度は2倍以上になり、ラミネートタイプも実用化され軽量薄形化も進んでいます。また電動アシスト自転車、電動工具など、ニッケル水素電池が得意としていた高出力タイプへの参入により需要も拡大しています。

高級な電動アシスト自転車にはリチウムイオン電池も搭載され始めています▶

無限のエネルギーを活かす 太陽電池

▲手の平にのるサイズから壁一面に張るような大きな物まで、太陽電池は寸法・形・容量とも多様な種類があり、模型工作から電力供給システムにいたるまで、私たちの回りで利用されています。

太陽の無限のエネルギーを利用

地球全体に降り注ぐ太陽光エネルギーの総量は1時間でおよそ127兆kWhです。それがどれだけの量かといえば世界が消費する1年分のエネルギーに相当することになります。これは膨大なエネルギー量です。それにあと50億年は枯渇する心配もありません。

この太陽光を電気に変換するのが「太陽電池」です。太陽電池の起源をたどると1839年、フランスのベクレルが光が電気に直接変換する現象を発見したところまでさかのぼり、1883年に固体のセレンに光をあてると電気に変換する現象が発見されています。

形に見える太陽電池の元が出来て太陽エネルギー活用の一歩が踏み出されたのは1954年、米国のベル研究所のピアソンらによるP-N接合型単結晶シリコン太陽電池の発明からでした。当初は高価なため宇宙開発や軍需面での利用に限定され、1958年打ち上げられ、その後50年間宇宙を回り続けている米国の人工衛星「バンガード1号」は太陽電池が搭載された初めての人工衛星です。

太陽電池は物理電池

太陽電池はこれまで登場した化学的反応を利用した化学電池に対して、物理電池と呼ばれる分野に属します。また化学電池が電気をみずから発生していたのに対し、太陽電池はそれ自体電気を発して蓄えるのではなく、光のエネルギーを電気エネルギーに変換する素子である、というところが原理的に異なっています。

太陽電池

原理は半導体の性質を利用

①太陽電池の最小単位（セル）の構造は、このようにN型とP型、二つの半導体を重ねている。

②外部から入った光はN型とP型半導体の境界付近で＋と－の電荷を発生。

③発生した電荷のうち＋はP型の方へ、－はN型の方へ移動する。

④両端に電極を付けて電線で結ぶと電流が流れる。

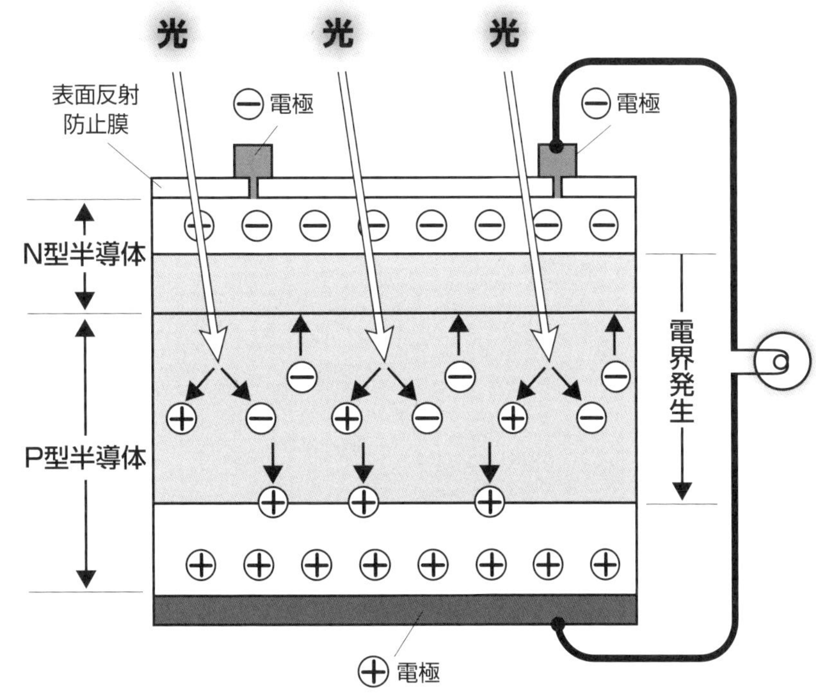

1セルあたりの発生電圧は約0.5V

半導体で構成

上の図は太陽電池の概念です。N型シリコンとP型シリコンという２種類の半導体を重ねたものです。

太陽電池は、半導体の性質の一つ、「光が当たると内部にプラスとマイナスの電荷が発生する」という現象を利用しています。しかし同じ半導体の中では発生するプラスとマイナスの電荷は同じ数のため、半導体は暖まっていくだけで外部からは電気が発生しているようには見えません。

そこで、発生したプラスとマイナスの電気を外に取り出すために「異なる物質を接触させるとその間に電界が発生する」という半導体のもう一つの性質を使います。電界とは電圧の差という意味です。

異なる物質を接触させるという状態は、太陽電池では、Ｐ型半導体とＮ型半導体で作りだします。上の図ではN型半導体とＰ型半導体の接触面の電界領域に光が入り、プラスとマイナスの電荷が発生しています。その電荷のマイナス（電子）はN型の端へ、プラス（正孔）はP型の端へ分かれていきます。そこで、それぞれの電極に電線をつなぐことで電流が流れることになります。

使用されるシリコンには単結晶、小さな結晶を集めた多結晶、アモルファス（非結晶）など種類があります。発生電圧は組み合わせる半導体の種類で異なりますがだいたい一つの単位（セルと呼びます）で0.5V程度です。そこで必要な電圧を得るためにはセルを10枚で5V、20枚で10Vというように直列につなぎます。それをモジュールと呼びます。

太陽電池

太陽電池の普及に向けた動き

太陽光は資源枯渇や環境汚染が懸念される石油や、原子力に代えてこれから本格的に利用が期待される自然エネルギーです。

あらゆる場所で活躍

今では街中で電話ボックス、信号灯、標識などに付いている太陽電池をよく見かけます。家庭でも小は庭園灯から大は屋根に太陽電池を敷き詰めた太陽光発電住宅まで身の回りに太陽電池がたくさんあります。資源や環境運動の一環としてのソーラーカー検証なども話題になります。

この太陽電池時代を迎えるまでには長い歴史があります。1958年、米国の人工衛星に初めて太陽電池が搭載された直後から、日本でも人里離れ電気のない場所にある無線中継所や灯台などに独立型電源としての応用が試されはじめましたが、初期の太陽電池は一般普及にはほど遠く、性能・コスト共に高いかべがありました。そうした時代、人々が身近に太陽電池に接するのは、1970年代登場し大ヒットした太陽電池付きの電卓です。しかし太陽電池の普及と実用化はまだ先の話でした。

転機はサンシャイン計画から

転機は石油危機を契機に1974年通産省（現経済産業省）工業技術院で立案推進されたサンシャイン計画で、長期的なエネルギー戦略の中に太陽光発電が盛り込まれたときからはじまります。産官学一体の研究開発はその後も切れ目なく行われ、製造技術開発、新型電池開発、実用化検証を通して成果をあげ今日を迎えています。しかし環境・エネルギー資源問題への解決策として太陽電池への期待と要求はますます高まり世界的な研究開発がさらに重要になっているのです。

太陽電池

太陽光発電による電源システム

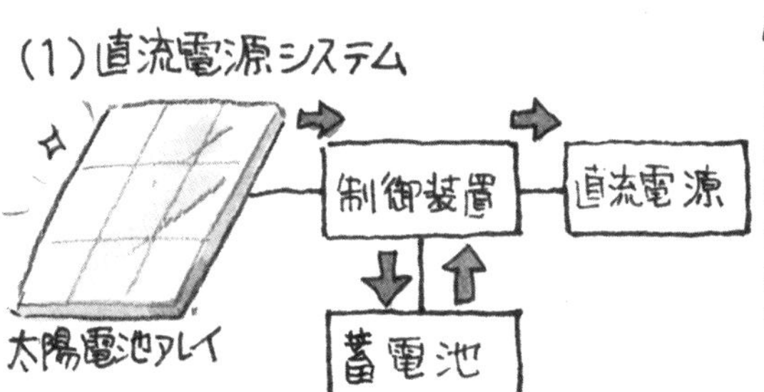

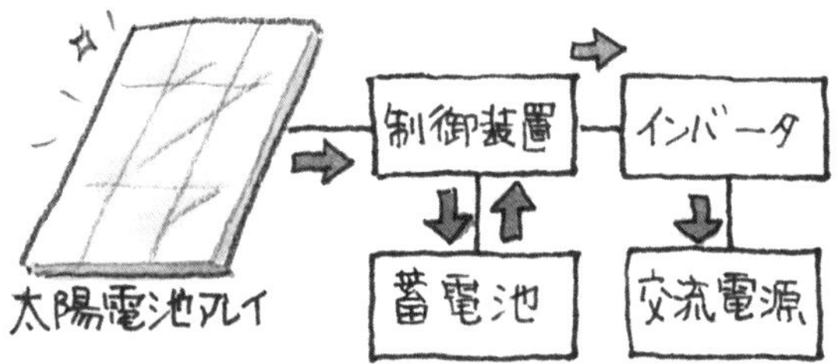

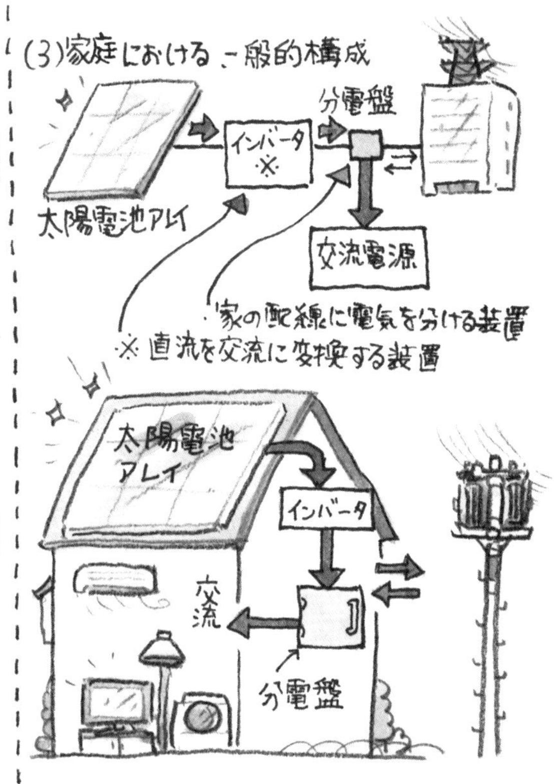

電源システムの種類

太陽電池を使った電源システムの基本的な三つの構成を図に示します。いずれの場合も太陽電池の宿命である時間、天候により安定しない出力を平均化する必要から蓄電池を併用しています。

(1)は直流のままで使用する場合で、街路灯、時計、観測機用無線機、道路標識などに利用します。

(2)は離島や山間部の非常用電源です。普通の家電製品を動作させるため、直流を交流に変換するインバータを使用しています。

(3)は一般個人住宅におけるシステムです。日光があるときは住宅内の電気製品は自家発電システムインバータで稼働させ、それ以外は電力会社から供給される商用電源と切り替えて使用、そして自家発電で余った電気は電力会社向けに流す「逆潮流」ができるようになっています。また、蓄電池を住宅内に設置する場合もあります。

家庭発電　普及は初期段階

家庭における太陽エネルギー利用は屋根に温水器を置いた太陽熱温水器が先行していました。1974年のサンシャイン計画の中で長期的なエネルギー戦略の一環として太陽光発電が盛りこまれて以来、補助金、低利融資など国による住宅発電システム普及策がとられ西日本を主力に普及していきました。現在は普及支援は地方の自治体にゆだねられ、普及の速度は鈍り気味ですが2007年末時点での全国普及数は44万戸程度と見られています。

燃料電池

燃料を使うのに炎は出ない 燃料電池

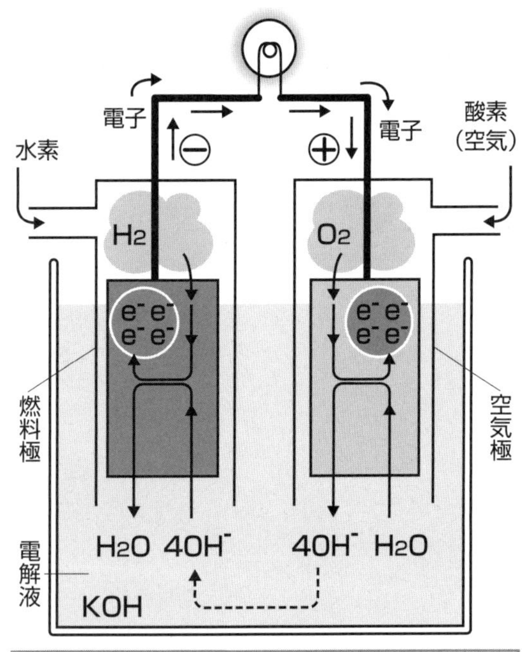

（燃料電池の概念図）

太陽光のない惑星探査衛星などでは太陽電池は使えず、燃料電池が活躍します

宇宙でも使われる燃料電池

燃料電池の起源は、本書の第1章24ページで紹介したグローブ電池の発明者、グローブ卿による1839年の実験成功です。しかし当時他に登場した電池の方が性能がよいためその後の実用化研究は進みませんでした。100年以上たった1952年になってイギリスのベーコンは出力5kWの発電に成功、特許を得、実用化への流れが始まります。

この電池は「燃料」といっても炎を上げて燃えたりはしません。排気ガスの心配もなく、排出されるのは水だけという特長が注目され、その後は宇宙衛星の電力用に向けた開発が進みました。1965年にはアメリカのジェミニ衛星に、1968年には月探索のアポロ計画に採用されています。

図にアルカリ型燃料電池の概念を示します。電極はともにニッケル網に白金をめっきしています。電解液は水酸化カリウムです。

発電の過程は以下のとおりです。

(1) プラス側に酸素（空気）を、マイナス側に水素を注入します。

(2) プラス極では酸素（O）が電極の電子（e^-）と反応して水酸化イオン（OH^-）ができます。

(3) そのOH^-が電解液中を移動してマイナス極の水素（H）と反応することで水（H_2O）と電子（e^-）が発生します。

(4) 電極間に電球をつなぐとその電子（e^-）は電線を伝わりプラス極に移動します。すなわちプラス側からマイナス側に電流が流れるのです。発生電圧は約1Vです。なお、これはちょうど水の電気分解の逆の働きです。

燃料電池

直接エネルギー変換なので高効率

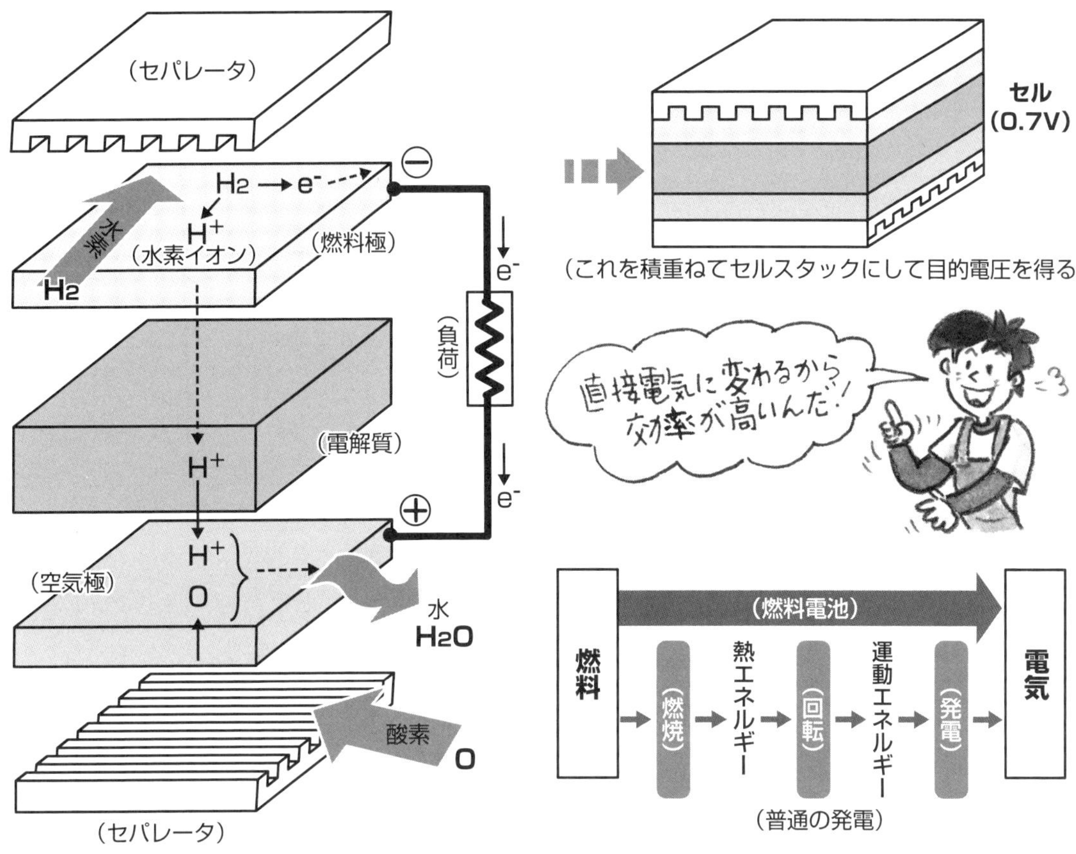

クリーンで効率が高い燃料電池

前ページで見たように燃料電池は稼働時に排出するのは水だけで、大気汚染や地球温暖化などの心配がないクリーンな電池であることがわかります。またガスを燃焼（熱）して回転（運動）に変え発電機を回して電気を取り出す、というようなエネルギーの変換を繰り返さず、ガスから直接電気を発生させることで高い発電効率が得られるのが特長です。

実際の構造は

構造を現実に近い形でみてみましょう。図は燃料電池の一つのセルです。水素が注入されるマイナス側が燃料極、酸素が注入されるプラス側が空気極です。間に挟まれるのが電界質となる固体高分子膜です。セルの上下にあるのがセパレータで、空気、酸素を導く溝の列が作られています。同時にこれはセルを積み重ねるときにセルどうしを電気的につなぐ役割をもっています。セル単体の起電力は0.7Vで、これを積み重ねたセルスタックにして所定の電圧を得ます。

(1) 水素は燃料極で電子を切り離して水素イオン（H+）になります。電界質はイオンのみしか通さないため、電子（e⁻）は燃料極から外に出て行きます。

(2) 電解質を移動した水素イオンは、空気極で酸素と外部の電線を通して入ってきた電子に反応して水になります。

反応に関わる電子が外部の電線を通るということで、これが電池として働くということになるのです。

燃料電池

燃料電池は大型から小型まで

燃料電池の種類

燃料電池も動作する気体や電解質の違いにより、いろいろ種類があります。比較的小形で発電能力50kWぐらいまでのものでは「固体高分子形」が主流です。水素を作動気体とし、電解質には陽イオン交換膜を使用します。

それより高出力のものとして「りん酸形」＝電解質がリン酸、1000kWクラス、「溶融炭酸塩形」＝作動気体が水素／一酸化炭素、電解質が炭酸リチウム／炭酸カリウム、出力10万kWクラス等各種の研究開発が行われています。これらの高出力の電池の作動温度は200℃～600℃という高温で、電池というより発電システムといった感覚です。

しかし「固体高分子形」は常温での動作が可能で小形軽量なため、携帯機器や燃料電池自動車用などへの応用が期待されています。

これからの燃料電池

一般の生活以外の分野では実用化されている燃料電池ですが、化学エネルギーから電気エネルギーへ直接変換するため、発電効率が高く騒音や振動もないので自動車、鉄道のエネルギー源としても期待されています。

また燃料電池がノートパソコンや携帯電話などの携帯機器に搭載されるようになれば、移動中は小型のカートリッジからの燃料補給で継続使用ができるようになるかもしれません。モバイル分野ではこれからの燃料電池ですが、家庭向けには実用化が始まりました。それが次に説明するコジェネレーションシステムです。

燃料電池

電気も温水も作る 家庭の燃料電池システム

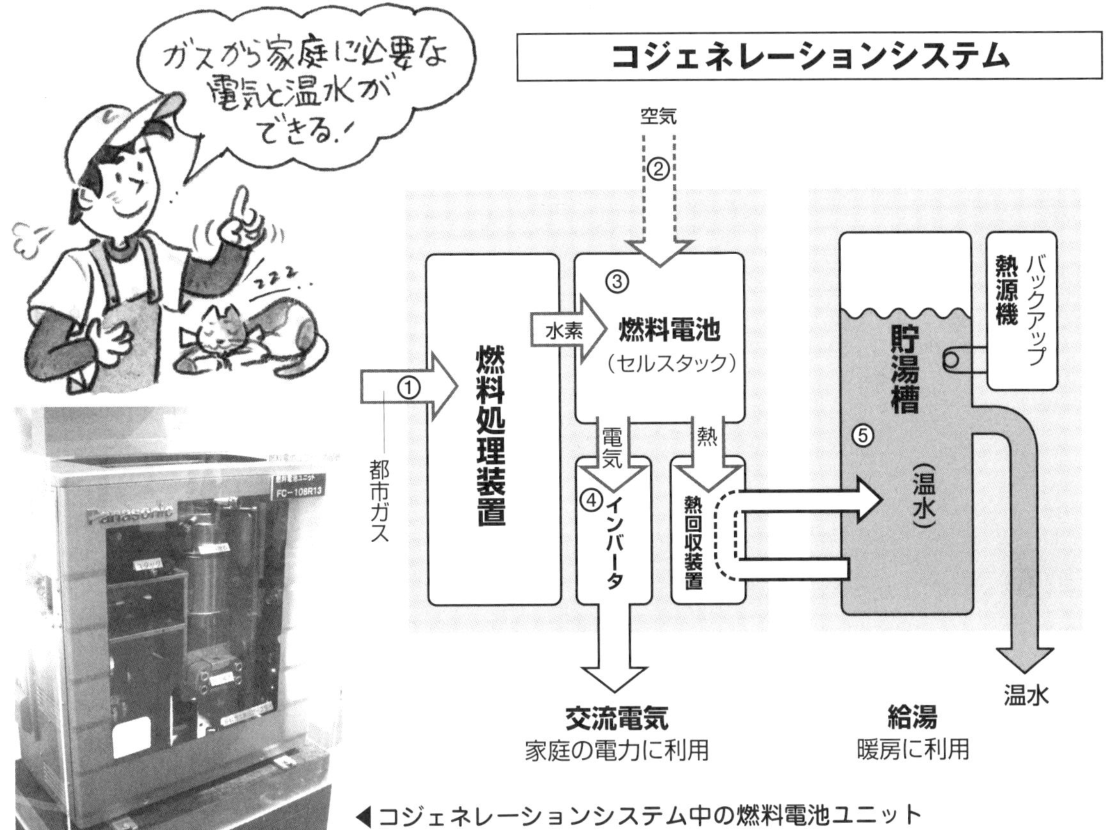

◀コジェネレーションシステム中の燃料電池ユニット

都市ガスから電気？

　コジェネレーションシステムは燃料電池の実用例として代表的なもので、家庭用都市ガスから電気を起こし、しかも温水も作りだします。現在、各都市で家庭に供給しているガスは天然ガスを利用したものが主力で、主成分はメタンです。そのメタンの中から水素ガスを取り出す「改質装置」がシステムに組み込まれています。そのため家庭では引かれている都市ガスのガス管に直接つなぐことができます。

　では、仕組みを示した上の概念図で働きを見ていきましょう。

①まず中央の装置の左側から都市ガスが燃料処理装置に入ります。これが「改質装置」で都市ガスの成分から水素ガスを取り出す働きをします。

②一方、上からは空気（酸素）が流入します。

③二つの気体が燃料電池に送り込まれます。この部分がセルスタックにあたります。セルスタックでは電気とともに熱が発生します。

④発生した電気は直流なので家庭電気製品を動かすために交流に変化させます。その装置がインバータです。

⑤燃料電池は電気を発生するだけではありません。発電時の熱を抑える際に暖められた冷却水を貯湯漕に溜めて給湯、暖房に使用します。

　使用する都市ガスの40％が電気に、40％が温水や蒸気になり、合計約80％が有効活用できるすばらしい装置です。普及が進み、導入時のコストが下がることが期待されます。

電池のような？ 電気二重層コンデンサ

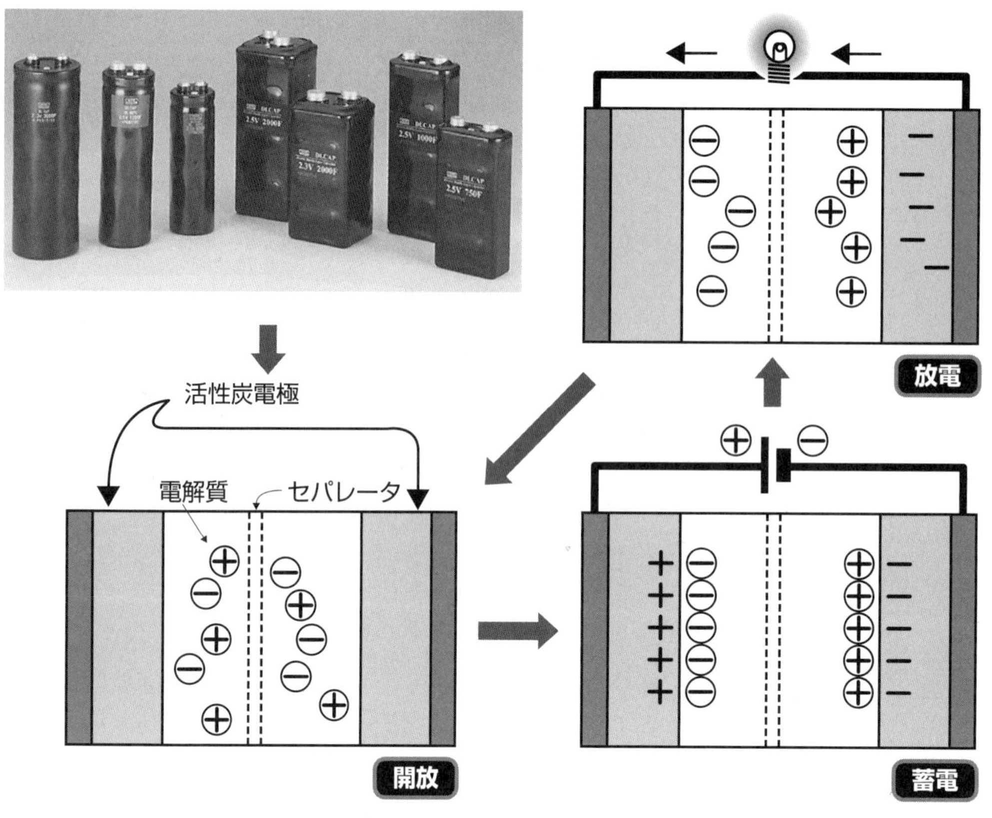

化学変化による物質変化もないので、性能の劣化がほとんどないというのも特長です。

これは電池ではない！　しかし…

これは化学反応によって起電する電池ではなく、電気を蓄えるだけの蓄電器（コンデンサ）で、第1章16ページにある1746年の「ライデンびん」がその起源です。しかしこれは「界面現象」という普通のコンデンサとは異なる現象を利用したもので、あのライデンびんに比べると1000万～1兆倍という巨大な静電容量を持つものもあります。蓄えることができる電気の量もはんぱではありません。そのため電池におきかえ利用されるのです。

しくみは上の概念図のとおりで、一般のコンデンサと同様に電解質が二つの電極にはさまれています。電極は活性炭で、電解質はセパレータで二つに分けられています。

ここに電圧を加えると電極周辺で静電気によるイオンの移動がおき、プラス電極にマイナスイオン、マイナス電極にはプラスイオンという電荷の層が形成され各電極に電気が蓄えられます。

この電荷の層が電気二重層で、ここに電気を蓄える原理を応用していることから、電気二重層コンデンサと呼ばれています。

電極の間に負荷をつなぐと、蓄えられた電気が電線を伝わって流れ、放電されます。充電、放電は電解質イオンが溶液内を移動しているだけです。二次電池と異なり急速に（瞬時に）充電できるのが大きな特長です。この特長を生かして発電が不安定な風力や太陽光発電の出力電力を平均化させたり、ハイブリッド電気自動車の減速時に発生する電気エネルギーを蓄えたり、急加速時の大電流放電をアシストする役割も果たしています。

電気二重層コンデンサ

応用はパワー（電力）分野へも広がる

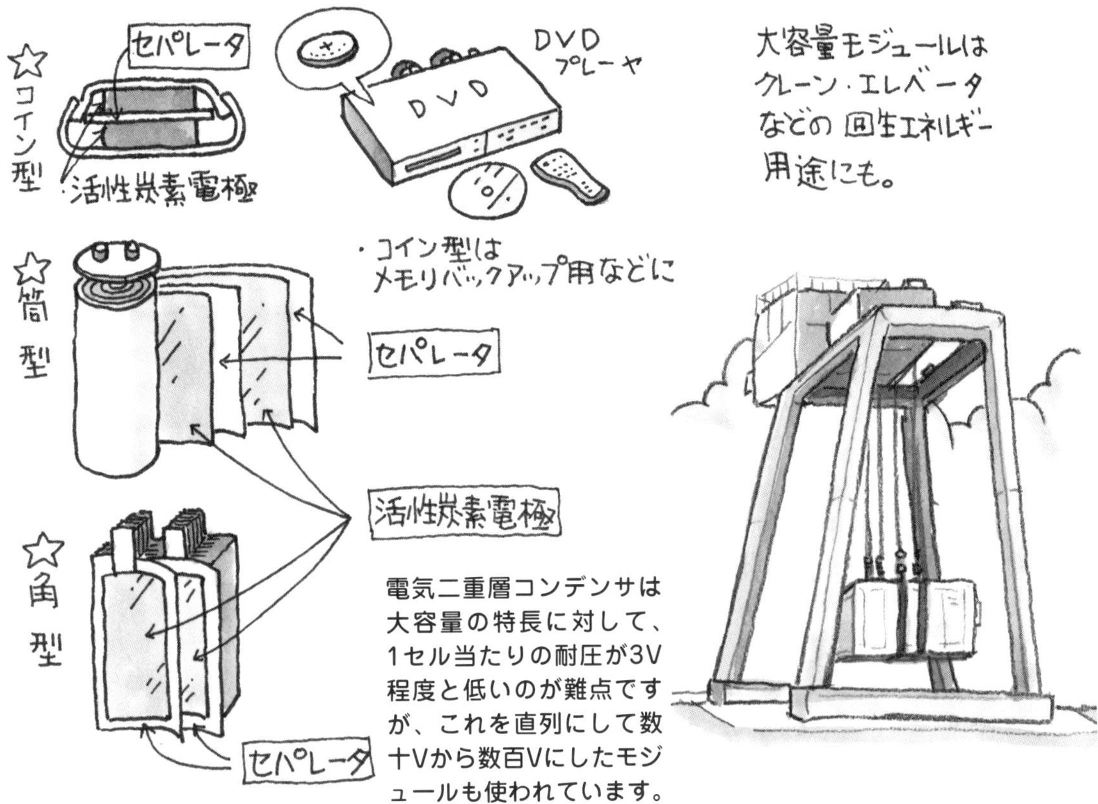

用途に応じた構造と形

実際の製品ではコイン型、筒型、角型のほかケースに収められた大容量モジュール型があります。

コイン型はセルを単体または2、3枚重ね合わせたもので、おもに微小電流を扱うメモリーバックアップに利用されます。

円筒型は普通のコンデンサと同様に電極と電解質を重ねて巻き合わせた構造ですが、電極は表面積の大きい活性炭が使われています。電極間の面積が広く、内部抵抗も低くできるため大電流を必要とするモータの駆動やLEDの点灯など常にパワーを必要とする分野に適しています。角型は円筒型に比べ大電流での充放電が可能でハイパワーな用途にも対応できるようになっています。

大電力用モジュールは、電車や大型クレーンなどのモータが制動時に発生する電気を、急速に充電することにも利用されています。

静電容量はどれだけ巨大？

ところで電気二重層コンデンサの最大の特長である巨大な静電容量とはどれくらいのものでしょうか。普通、電気回路に使われるコンデンサがμF（マイクロファラッド）オーダーなのに対し、電気二重層コンデンサでは小さくても1F（ファラッド）、大きなものでは1000F以上と、とてつもない容量が得られます。ライデンびんとの比較よりは下がりますが、それでも1μFと1Fでは100万倍の差があるのですから、この電気二重層コンデンサの蓄電能力の高さがおわかりでしょう。

温度差で電気が起きる！ 熱電変換素子

基本原理はゼーベック効果

接合した異なる２種類の金属または半導体の間に温度差が生じると起電力が生じます。この現象は1821年ドイツの物理学者ゼーベックが発見したものでゼーベック効果と呼ばれます。

この効果を利用し、2種の金属としてN型半導体とP型半導体を使った熱電モジュールの概念図を上に示します。半導体中にはマイナスの電荷をもつ「電子」とプラスの電荷をもつ「正孔」という二つの粒子が存在します。左の図で、N型半導体では熱せられた反対の方向に電子（−）が移動しています。そのため熱せられた側はプラスの電位になります。一方、P型半導体では熱せられた反対側に正孔（＋）がかたよるため、熱せられた側がマイナスの電位になります。

上の右側の図はＮ型とP型の半導体を直列にして片側を熱し、もう一方を冷やして、温度の差を利用して電流を流している様子で、これが熱電変換素子の基本的な形です。

特長はクリーンで広い適応性

熱電変換素子の特長は以下のとおりです。
①可動部がなくメンテナンス不要で長寿命、
②熱から直接電気を発生するため、クリーンで静か、
③小型、軽量なので移動体や携帯機器に向く、
④どんなに少量の熱エネルギーでも電気に変換するので、応用対象を選ばない、

などがあげられ、広範囲な分野で省エネルギー化に貢献する素子として期待されます。

熱電変換素子

熱電モジュール　広がる応用

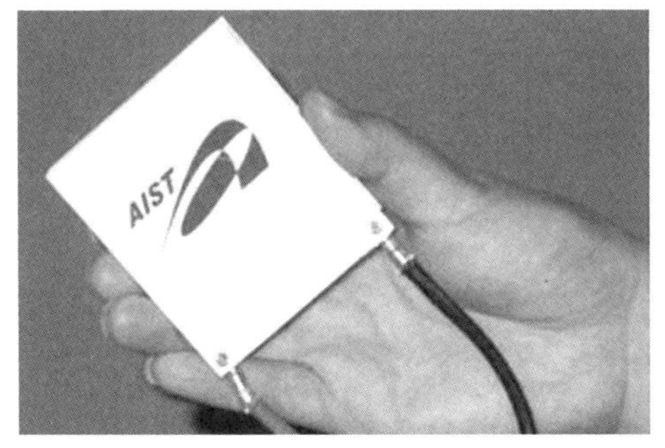

▲実際の熱電変換素子（熱電モジュール）の例

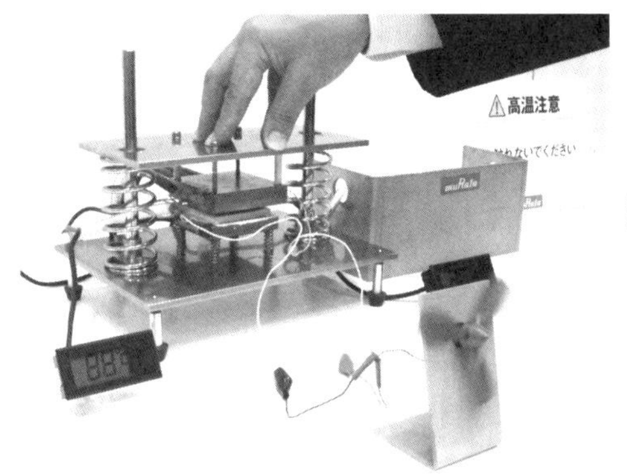

▲25対の素子を一体成型して小型化した熱電変換素子から直接電気を取り出す実験（村田製作所）

省エネ・環境問題に役立つ

石油資源の枯渇が懸念され、またCO_2の排出による地球の温暖化問題がとりざたされているなかで、無駄に捨てられている熱の有効活用に、この熱電変換素子は最適です。

無駄になっている熱は至るところにあります。膨大な熱を発生する工場、たとえばゴミ焼却場、工業炉、火力発電所、さらに自動車などは、燃料の利用効率は30%程度と見積もられています。残りの60%強が無駄に捨てられていることになります。

この熱を熱電モジュールを利用してさらに電気エネルギー変換すれば、無駄な廃熱を無くすことになり、捨てられていた熱から新たなエネルギーを生み出せるわけです。エネルギー活用の面で、この熱電変換素子の果たす役割りは今後さらに高まっていくことでしょう。

小型の熱電モジュール

小型の素子は熱電モジュールとして市販されています。使用温度はこれまで300度C以下の比較的低温度のものでしたが下の写真の例（東芝GIGA TOPAZ）では500度Cで使用でき、利用分野はさらに広がっています。

（東芝GIGA TOPAZ）。モジュールの面積は14.4cm^2で、これ１個で15Wの発電が可能です ▶

熱電変換素子

世界初の熱電変換ビークル（大阪産業大学）

▲後部から見た熱電変換ビークルの構造（大阪産業大学）

▲熱を電気に変換する心臓部といえる熱電変換素子（東芝GIGA TOPAZ）

全長2メートル、幅1.1メートルの車体の重量は96.5kg ▶

これは2008年5月世界初として公開された熱電変換ビークルです。大阪産業大学（交通機械工学科）山田修教授の研究グループが開発した、熱電変換素子による一人乗りコンセプトカーで、熱電変換素子「GIGA TOPAZ」を6個直列にしたものを並列にして、計12個で出力150Wを得ています。

熱源としては研究中のバイオガス利用を視野に入れた設計ですが、現在は高負荷ガス燃焼器（開発：リンナイ）と組み合わせています。

熱電変換素子は片側を熱し、反対側はラジエータにより冷却しています。発電された電力はDC-DCコンバータで電圧調整後、リチウムイオン電池に充電し、モータを駆動します。最高時速は20kmで車体は全長2メートル、幅約1.1メートルです。

第3章

交通機関を動かす電池

電気が使われるところでは電池は必ず使われます。交通機関においても同様で、とても多くの電池が使われています。でもその電池は脇役的存在であることが多いのです。

ここでは電池が主役の動力エネルギー源として活躍する場面を見ていきます。現在注目されている電気自動車と、電池で走行する鉄道車両です。

究極の形は燃料電池車

■本格化する電気自動車

各種専用電池の開発進む

■電池で走る鉄道車両

電気自動車の歴史は電池の歴史

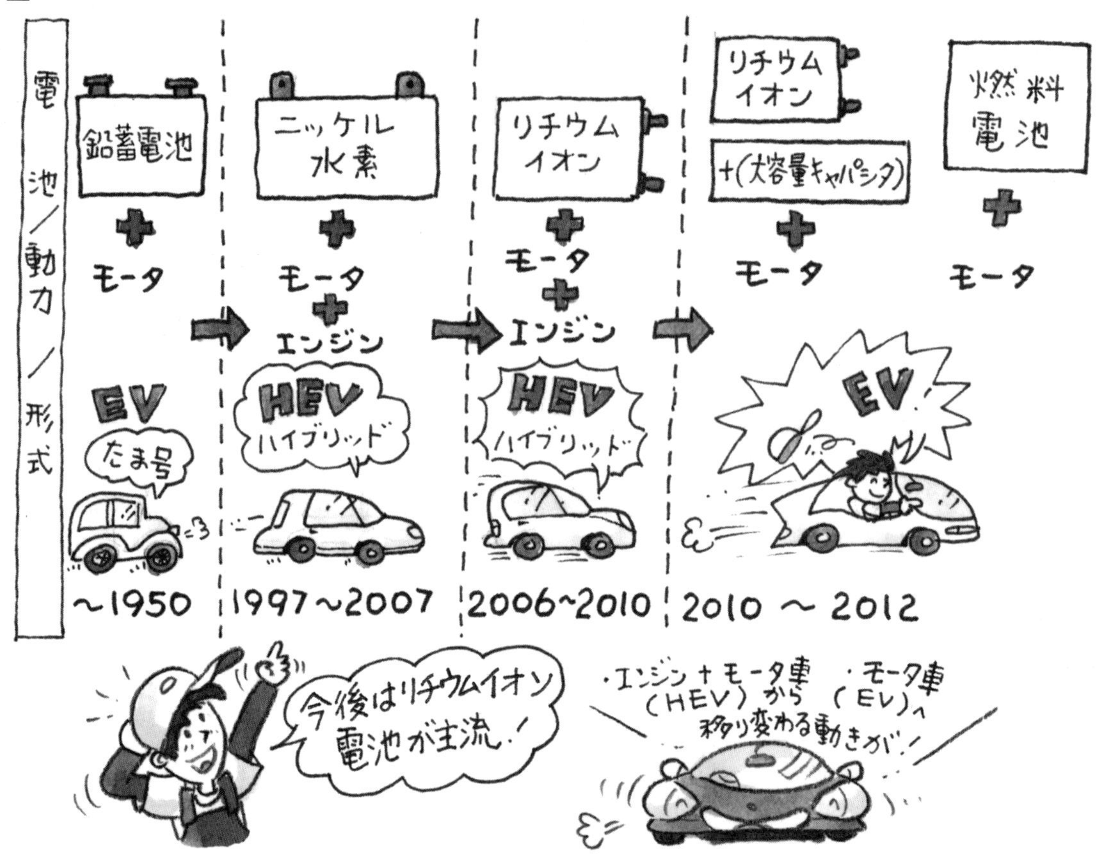

自動車の始まりは電気車だった

初めての実用電気自動車はイギリスで登場しました。使われた電池は一次電池の「鉄亜鉛電池」でした。1873年のことで、日本でいうと明治維新のわずか6年後です。この後も初期の自動車は電気で走るもののほうが主流だったのですが、ガソリンエンジンの性能アップが急速に進むとともに次第にすたれていってしまいました。

電気自動車が再び登場したのは1947年、第二次世界大戦後の日本で生産された「たま号」(28ページ参照）です。鉛蓄電池を使用していましたが、鉛高騰により短期間でガソリン車に転換し電気自動車の流れはまた途絶えました。そして1990年代に入り現在のような本格的電気自動車の時代がはじまります。石油資源枯渇や、CO_2による環境汚染という地球規模の問題に対処する形で世界各国でガソリンに代わるバイオ燃料や電気による自動車の開発研究が開始され、ガソリン以外のもので走る自動車が実用化されはじめたのです。

まずニッケル水素電池から

新時代の自動車として脚光を浴びることになった電気自動車の開発の歴史は電池の改良と性能アップの歴史ともいえます。モータの駆動用電源（電池）には、もはや鉛蓄電池は使われず、最先端の高性能電池として着目されていたニッケル水素電池が自動車用に改良され、1997年にトヨタのプリウスがガソリンエンジンとモータを組み合わせた「ハイブリッド」車として登場しました。その後も電池

本格化する電気自動車

電気自動車の流れはHEV型からEV型へ

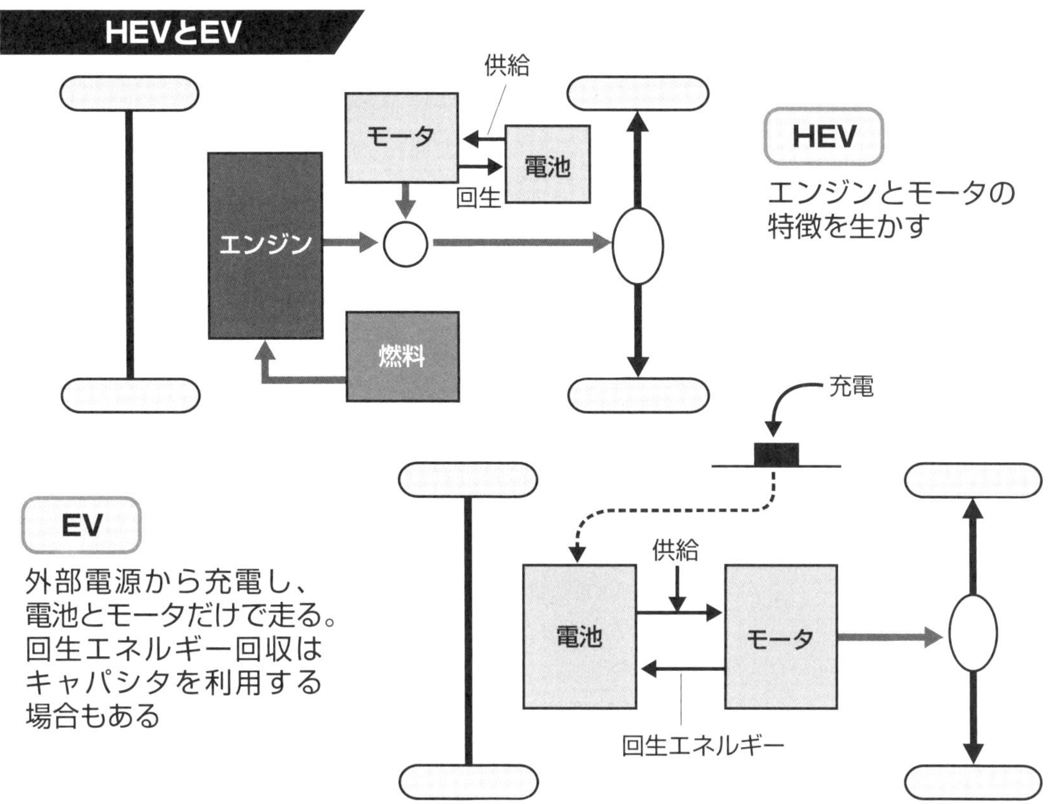

の改良は絶え間なく続きます。2006年～現在の市販HEVはニッケル水素電池を搭載していますが、2010年までにはリチウム電池搭載車も登場すると予測されています。

HEVとEV

電気自動車といってもガソリンエンジンも搭載し、発進時など負荷の大きいときは電動モータを使い、一定速度での走行時はガソリンエンジンを使うというように、それぞれの強みを生かしたのがハイブリッド電気車（HEV）です。

電気を加えると回るモータは、回転を加えると電気を発生する発電機になります。走行時減速する際にその回転力をモータに加えることにより、モータは一種のエンジンブレーキとして働くと同時に電気を発生します。これを回生エネルギーと呼びますが、電気自動車では、それを再び電池に戻して充電を行っています。

このように、電池でモータを回すとともに走行時に充電もできるしくみになっているので、HEVは電池に対しての充電作業も必要なく、もちろんCO_2の排出も運行コストもガソリンだけの走行より抑えられます。

なお家庭用電灯線からの充電機能を追加したプラグインハイブリッドカーの開発も複数の自動車メーカーが発表しています。

このHEVに対してEV車は電池とモータだけの純粋の電気自動車で、現在では続々と実用車が発表されています。使用電池はリチウムイオンで、電気二重層コンデンサ（42ページ）が併用される場合もあります。

本格化する電気自動車

主流はリチウムイオン電池へ

▲EVにはニッケル水素電池に替えてリチウムイオン電池が使用されることが多くなっていますが、さらに走行距離を伸ばす性能向上が課題です。

▲家庭のコンセントから充電できるこのような小型の電気自動車はプラグインＥＶなどと呼ばれて実用化されています。3.6V、200Aのリチウムイオン電池を搭載。

◀フォークリフトのような作業車の電池にもリチウムイオンが使われるように

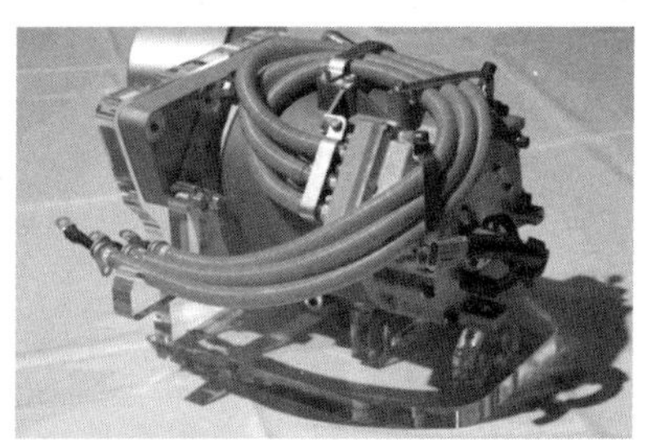

電池自動車の心臓部となる電気モータも性能アップの研究と改良が進んでいます▶

EVの普及はこれから

これまで見てきたように電気自動車はガソリンと電気のそれぞれの特長を生かしたハイブリッド車が主流で、現在もHEV車用の電池や電池から正規の電圧をモータに加えるためのDC-DCコンバータなどの装置も改良がさらに進んでいます。しかしこれは電気自動車の発展過程といってもよく、内燃機関に頼らない純粋に電気のみで走行するEV（エレクトリック・ヴィークル）の開発・研究はさらに加速しています。

▲スタンドでガソリンを給油するように充電の受け口に外部から充電するようになる

実用EV車の身近な例として、図のような家庭の100Vコンセントから充電できる小型ヴィークルが走り始めています。リチウムイオン電池3.6V、200Aを使用し、電圧変化装置でそれを48Vに上げてモータを回します。1回の充電時間（7〜8時間）で最大120キロメートル走行可能で、近距離を移動するクルマとして実用的な性能を有しています。

従来、鉛蓄電池を使用していたフォークリフトのような作業用車両でも、高出力･大容量で性能が向上、メンテナンスが楽になるなどの特長によりリチウムイオン電池への置き換えが進みはじめています。

本格化する電気自動車

究極のEV　燃料電池車

究極のエコカー、燃料電池車も電池メーカー、自動車メーカー共同での開発研究が進んでいます。

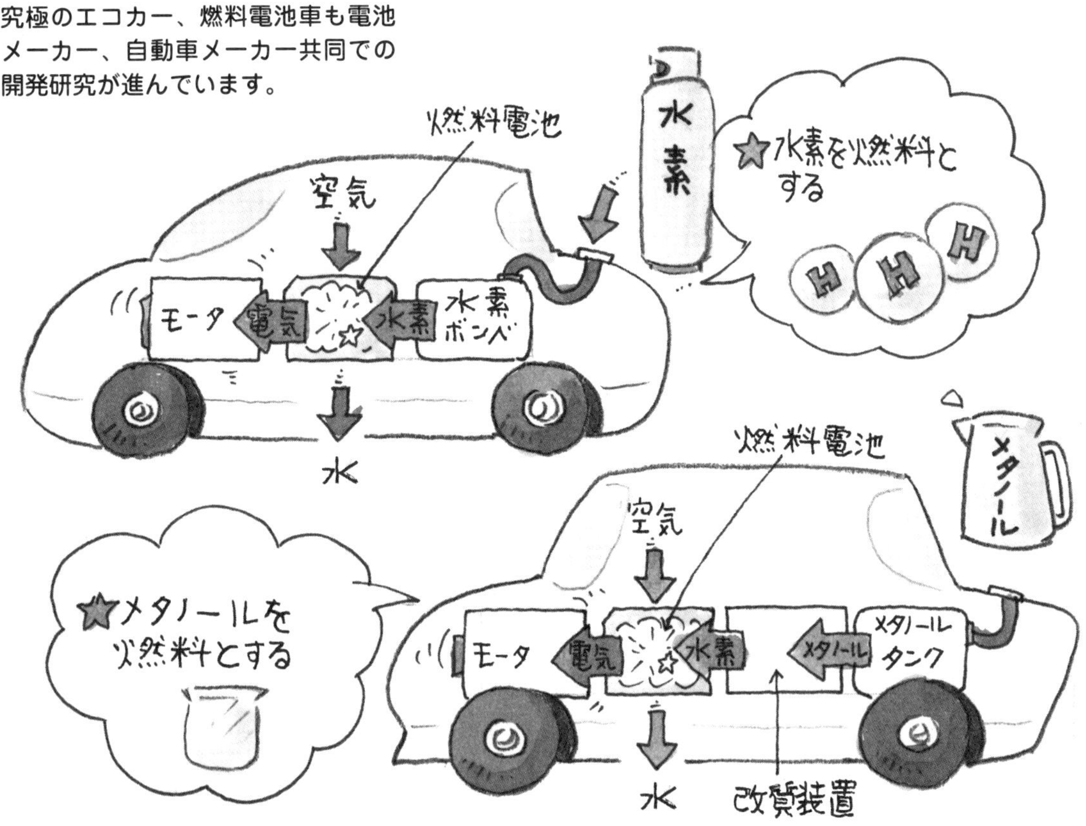

燃料電池車は究極のエコカー

燃料電池による電気自動車は究極のエコカーとして期待されます。燃料電池については第2章38ページでふれていますが、①水素と酸素で発電し、排出するのは水蒸気だけというクリーンな点、さらに、②ガソリン内燃機関のエネルギー効率が15～20%とされるのに対し、燃料電池では、2倍（30%）以上というエネルギー効率を持つ点などから、燃料電池はこれからの電気自動車のエネルギー源として最適とみなされています。

考えられる2種の燃料

燃料電池自動車用の燃料は水素以外にメタノールが検討されています。

燃料供給方法は異なっても、燃料電池が水素と酸素から発電する点は同じです。

メタノールの場合はそこから水素を作り出す工程が必要で、自動車にそのための改質装置を搭載することになります。

水素ならその必要はないので直接水素を補給したほうが簡単なようですが、水素は体積を圧縮した極低温の液体水素として貯蔵することに課題が残されています。

最新の水素燃料自動車は1回の補給で320kmは走行可能とされるものの、将来的に街の各所に必要になるはずの燃料スタンドでは、メタノールのような常温液体による補給が簡単であるとしてメタノールが候補にあがっているのです。しかし検討段階の燃料がどちらになるにせよEVに燃料電池が搭載されていくことは確実とみてよいでしょう。

電池で走る鉄道車両

鉄道車両を動かす大電力対応電池

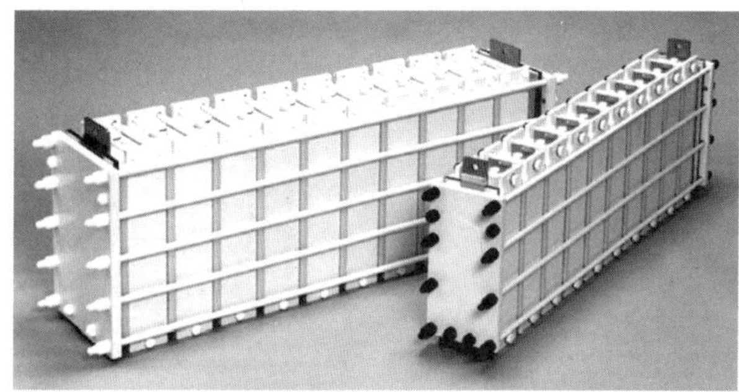

▲ギガセルはセルを10直列にしたものを1スタックとして、それを直列並列に組み合わせて、必要な容量を満たす電池ユニットを構成します。左は440Ah×10（5.3KWh）、右は196Ah×10（2.3KWh）。電圧はともに12Vです。

◀大型ニッケル水素電池「ギガセル」は平板状の電極を積み重ねた形のため、他の電池に比べ体積が小さくても大容量化が可能。内部抵抗も小さいため高速に充放電できる、という特長があります。

ギガセルを開発したのは川崎重工業です。同社はこの電池を応用した電池駆動路面電車SWIMO（スイモ）を誕生させました。極限まで低い床で、乗降が楽な、人にも優しい電車になることでしょう。▼

架線のない電車？

テレビの旅番組で、出演者がやってきた架線のないローカル列車を見て「あ、“電車”が来た！」と叫ぶ場面を見ることがあります。でもあれは電車ではありません。

エンジンで発電した電気でモータを回す架線のない機関車も存在はしますが、画面で見るかぎりそのほとんどはディーゼルエンジンで車輪を動かす「気動車」です。

▲今、架線のないローカル路線を走っているのは、ディーゼルエンジンで走る「気動車」です

ところが、架線が無いものは電車ではないと思っていたら電池だけで走る、架線のない“電車”が現実のものになってきました。電池メーカーの宣伝としては電車を乾電池で動かすデモンストレーションがありましたが、その実用化をめざす電池を使った新時代「電池駆動電車」が開発されているのです。

電池式電車のここが良い

もともと電車はCO_2排出が少ない環境にもやさしいエネルギー効率の良い乗りものですが、電池駆動車の特長として、減速時にモータに発生する電気をみずからの電池に蓄え、

電池で走る鉄道車両

省エネでエネルギー効率も優れた電池駆動電車

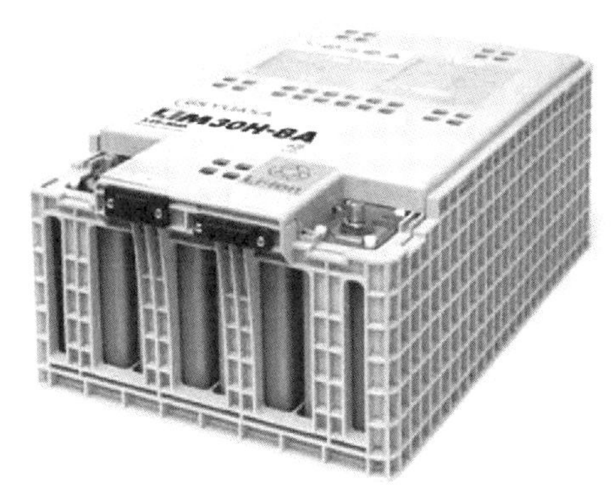

◀鉄道用に開発されたリチウムイオン電池モジュール、（株）ジーエス・ユアサコーポレーションのLIM30H-8R。

大電流充放電可能なセル8個をモジュール化して鉄道用の蓄電地としたものです。本体に冷却風を送り込む強制空冷式で、電池の廃熱を効率的に排出できる構造になっています。そのため許容電流600A、連続して100Aの充放電が可能です。従来の産業用リチウムイオン電池でも実績のある電池監視装置が装備されており、全セルの電圧、モジュール温度は常時監視、また電池の情報を充電器や負荷に伝える機能も持っています。

再び使用することでエネルギー効率が飛躍的に高まる、個々列車に給電するための変電所や架線の設備が不要、変電所から離れた地点での電圧低下問題にも無関係、さらにレールが敷設できればどこにでも入っていけるというメリットもあります。また路面電車として架線が無いのですっきりした都市景観を作る面からも有利です。

各種電池が利用されている

EV（電気自動車）の例と同じように、現在使用される主な電池は、ニッケル水素電池、あるいはリチウムイオン電池ですが、EVの場合よりさらに強力な容量をもつ電池が必要です。そのため車両、電池メーカー共同で、電池駆動電車用に冷却機能や状態監視機能を備えモジュール化した電池がつぎつぎと開発されています。

現在では集電用パンタグラフを下げた状態の電車に、リチウムイオン電池を搭載して、研究施設や一部都市では実際に運行している路線上での電池走行試験も行われているので、そんな映像をニュースでご覧になった方もいるでしょう。

なお、電車用に開発された専用電池は、架線付きの従来の車両に搭載することにより、減速時の回生エネルギーを蓄えて、加速時に必要な電力を供給する形で利用される場合もあります。

また、EVの例と同様に電車用燃料電池の研究も続いています。私達の身近に架線の無い電車がお目見えするのもそんなに遠くないことかも知れません。

COLUMN 電池が守る情報社会 UPS コンピュータ用無停電電源装置 (Uninterruptible Power Supply)

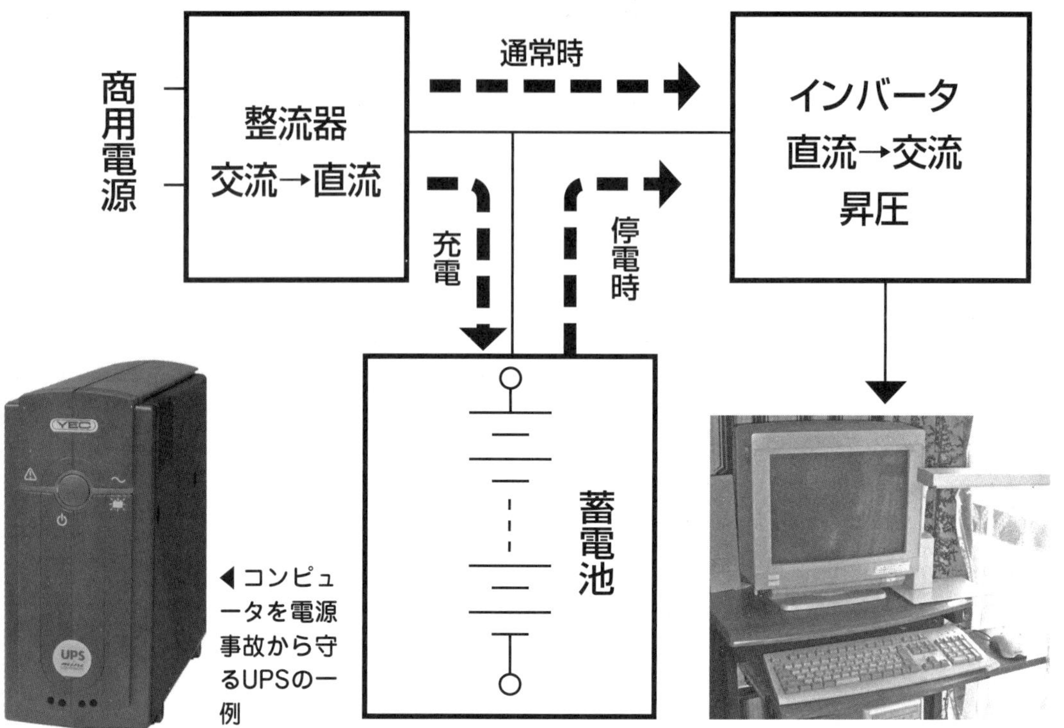

◀コンピュータを電源事故から守るUPSの一例

停電発生は大問題

デスクトップパソコンを使っているとき、家のブレーカが切れて、作成していた文書が消えてしまった、という話を聞くことがあります。当人にとって悲劇であり大問題です。

それが自治体や事業所のコンピュータシステムの場合だったら、処理中の情報が消えたり公共機関のオンラインが停止して社会的な問題になってしまいます。こうした事態に対応して、充電できる二次電池を応用してコンピュータシステムの電源を守るのが「無停電電源装置(UPS)」です。

電池が守る電気の社会

屋内機器の事故や大電力機器起動時の電圧低下、落雷やその他の災害による停電の恐れは常にあります。

UPSは商用電源から二次電池に充電しながらその電気を交流に変換し、電圧を上げてコンピュータシステムに供給していますが、停電や電圧低下などのトラブルが発生すると瞬間的に商用電源から蓄電池に切り替えます。

保護するシステムの大きさに応じた各種容量のものがあり、コンピュータを正常な形で終了させたり、非常用電源に切り替えたりする操作を行うための数分～数十分の間、UPSが電源を確保します。またコンピュータの安全な終了操作までを自動的に行う機能をもったUPSもあります。

使用される電池は鉛蓄電池が一般的ですが、現在ではリチウムイオンなど他の二次電池も利用されはじめています。UPSは、電池が電気で動く情報社会を守っていることを示す一つの例なのです。

第4章

身近な電池（小形一次／二次電池）

日常持ち歩いたり、手元で使う機器や道具に絶体必要なおなじみの電池にも、使い切りの一次電池と、充電して繰り返し使用できる二次電池があります。そしてそれぞれ種類も豊富です。日頃なにげなく目にする市販の身近な電池についてみていきましょう。

身近な電池（一次電池）

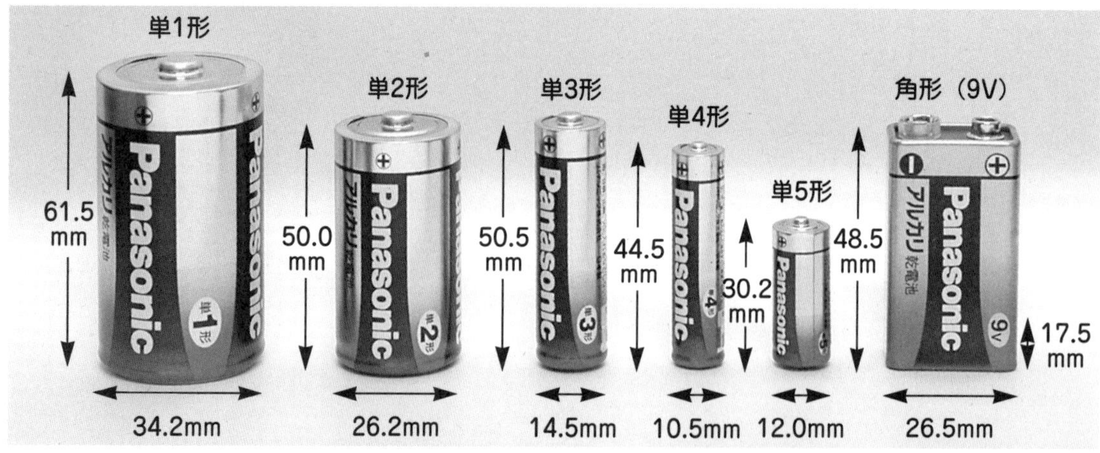

▲今、電池というとこのアルカリ電池が一般的になっている。筒形は単1～単5と種類も多く、角形（9V）もある。

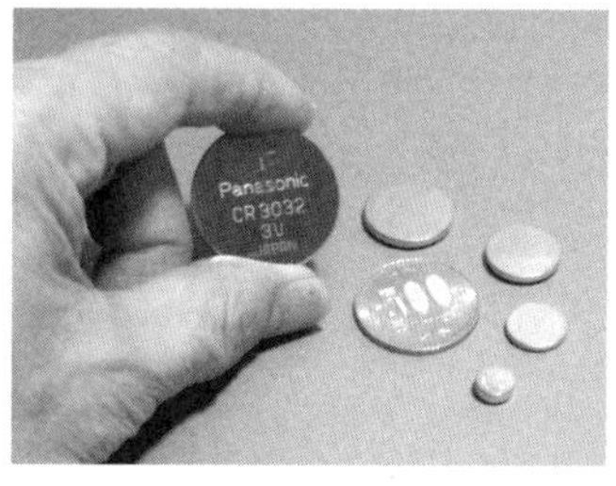

◀コイン型電池。これは3Vのリチウム電池で、時計、ライトなど小型機器のエネルギーとして有効

▲パワーアップしたアルカリ電池、パナソニックのエボルタ。単1～単4までがそろう

市販の電池

私たちが日常よく使う電池は筒状の単1～単4型で、使い切りタイプとしてはマンガン電池やアルカリ電池、充電タイプではニッケル水素電池が主なものです。

使い切り電池の定番だったマンガン電池は以前は各メーカーとも普及タイプとハイパワータイプがあり、パッケージ色をそれぞれ黒、赤に分けていました。現在では赤は見られなくなり、「マンガン電池の赤対黒」の構図は、「黒のマンガン電池対アルカリ電池」という形に変わりました。従来のマンガン電池の需要は減少しつつありますが、壁掛け時計、リモコン、ガスレンジ、灯油ストーブ点火用など小さな電力で動く機器には付属電池として使われています。

アルカリ電池は電解質として電気の流れやすい水酸化カリウムというアルカリ性物質を使用しておりマンガン電池より容量が大きく、大電流が取り出せます。このアルカリ電池については各社とも改良が進み、電極や電解質を変更することにより、さらに高性能なアルカリ電池として各種商品名で販売されて

機器による電池の使い分け

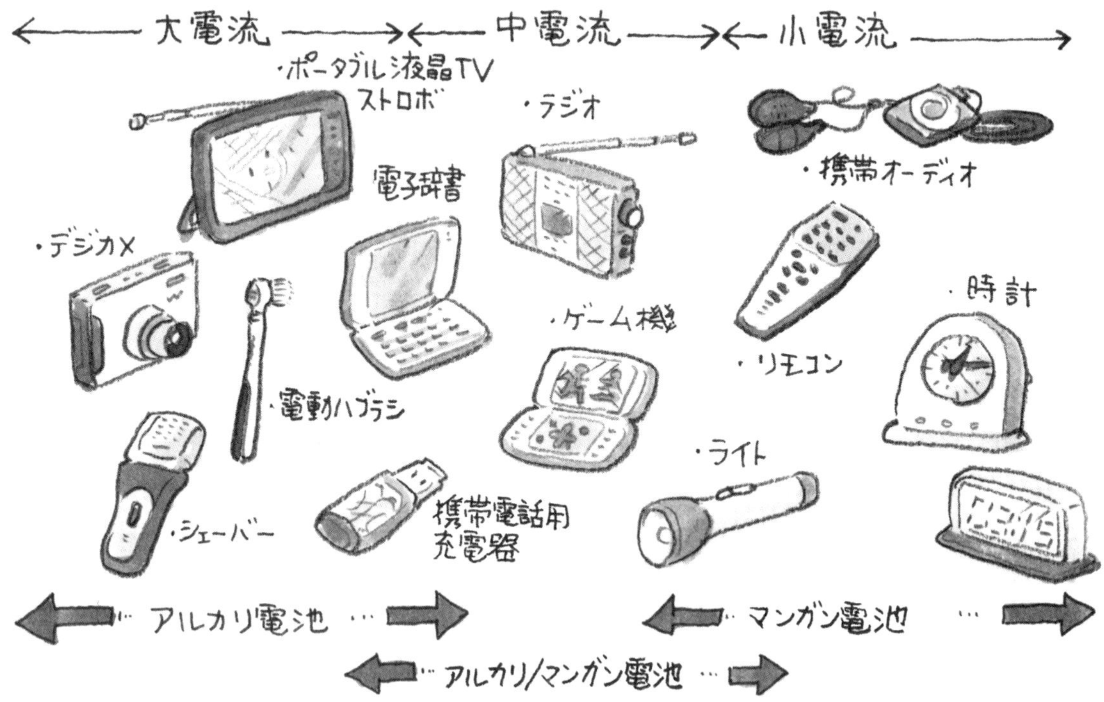

▲大電流には強力アルカリ電池

▲中電流にはアルカリ電池

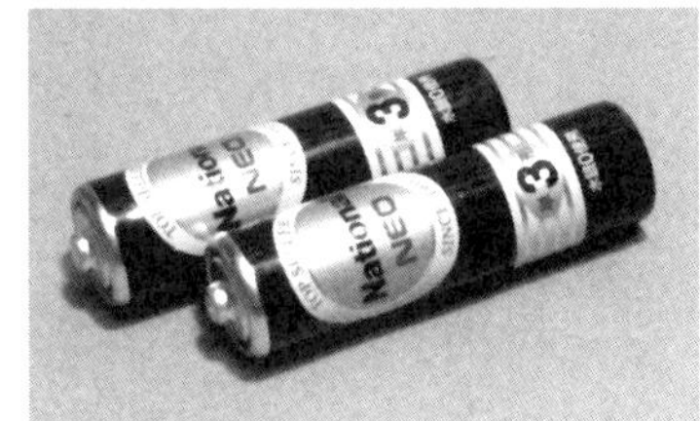

▲小電流にはマンガン電池

います。

その中で、パナソニックの「オキシライド」はパワフルな反面、初期電圧が1.7Vと高いので、豆球タイプの懐中電灯には向かないので注意が必要な電池です。現在はそうした心配のない上位製品EVOLTA（エボルタ）に移行しつつあります。

コイン型電池

コイン型リチウム電池は、3Vの起電力を活かして各種のコンパクトなライト、腕時計、携帯情報機器などによく利用されています。ボタン型としてはアルカリボタン電池が、小型ゲーム機、電子玩具、防犯ブザーなどに、空気亜鉛電池が、補聴器用などに使われ、それぞれ超小型の機器にあわせた薄型、小型電池として販売されています。

機器にあった電池を使おう

上の図のように電池を利用する機器には、デジタルカメラのように大電流を消費するものと、リモコンや時計のように小電流のものがあり、電池もそれぞれに適したパワーを持つものを使うことが大切です。たとえば大電

繰り返し使えて便利な二次電池

▲充電して繰り返し使えるのが二次電池。日常使うこうした小型の筒形はニッケル水素電池が主流で各社から発売されている

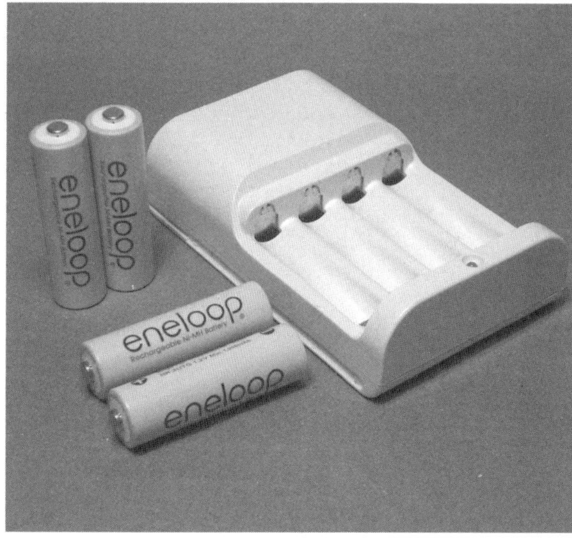

二次電池の充電は専用充電器が販売されているのでそれを使うことが上手に長持ちさせることにつながる

流の機器にはハイパワーのアルカリ又は二次電池のニッケル水素、中間はアルカリかマンガン、小電流の機器や灯油ポンプなど使用時間が限られているものにはマンガン、などと使い分けるのが上手な電池の利用法です。

繰り返して使える二次電池

充電で繰り返し使用できる電池の代表格ニッケル水素電池は、各種が発売されています。

使い切りの電池よりも経済的だし、省資源の面からも断然有利です。起電力は1.2Vで、乾電池の1.5Vより低いですが、通常機器の動作電圧の下限は1.1V近くなのでこの差は問題ありません。

小型充電池の中でも人気の高いのが、エネループの商品名で知られる三洋電機のニッケル水素電池です。それ以前の充電式小型電池は使用前に充電する必要がありましたが、これは充電済で販売されているので購入後そのまま使えます。

1000回は繰り返し使える、充電しておけば2年後でも使える（約80%残存）、継ぎ足し充電すると電池のもちが悪くなるメモリー効果がほとんどなく充電のタイミングを気にする

電池使用機器と電池の相性

（一般的に◎は“最適”、○は“適する”ですが、使用機器に指定がある場合はそれが優先されます）

機器名	ニッケル水素電池	アルカリ乾電池	マンガン電池	その他電池
ノートブックパソコン	◎	○		◎リチウムイオン
PDA	◎	○		◎リチウム電池
電子ゲーム器	◎	◎		◎アルカリボタン
CDプレーヤ／MDプレーヤ	◎	◎		◎リチウムイオン
ヘッドホンステレオプレーヤ	◎	◎	○	
液晶テレビ	◎	◎	○	
デジタルカメラ	◎	○		◎リチウム
自動カメラ		○		◎リチウム
ストロボ	○	◎	○	○リチウム
ラジカセ		◎	○	
シェーバー	◎	◎	○	○リチウム
リモコン		◎	○	○リチウム
携帯電話	◎	○		◎リチウムイオン
強力ライト		◎	○	○リチウム
懐中電灯	○	◎	◎	
電動玩具	◎	◎	○	
ラジオ	○	◎	◎	
電卓	○	○	◎	
時計		○	◎	
石油ストーブ		○	◎	

ことがない、といった使いやすさに加えて1回あたりのコスト約4円（同社の公表）という経済性により、人気の電池です。またマイナス20℃でも使えるというのも低温下で使用する場合には決定的な長所になります。

寿命がきてもリサイクルができる、環境にも配慮されたこの電池、新たに単1型（5700mAh）、単2型（3000mAh）も発売され、長時間使用が可能になったことで利用範囲も広がり、使い勝手もさらに良くなりました。

なお高性能パナソニックのエボルタにも同様の特長を持つ充電式が発売されています。

大電流を安定に長く

ニッケル水素電池は、アルカリ電池よりさらに大きな電流を安定して取り出せます。そのため、長時間にわたって大きな電流を流すデジタルカメラや、瞬間的に大電流を流すラジコンカーなどでも、その性能を完全に引き出すには最適です。上の表に示すようにマンガン電池、アルカリ電池などを適する分野別に使い分けるのが上手な活用といえるでしょう。なおニッケル水素電池は専用充電器の使用を守らねばなりません。

これはだめ！電池にしてはいけないこと

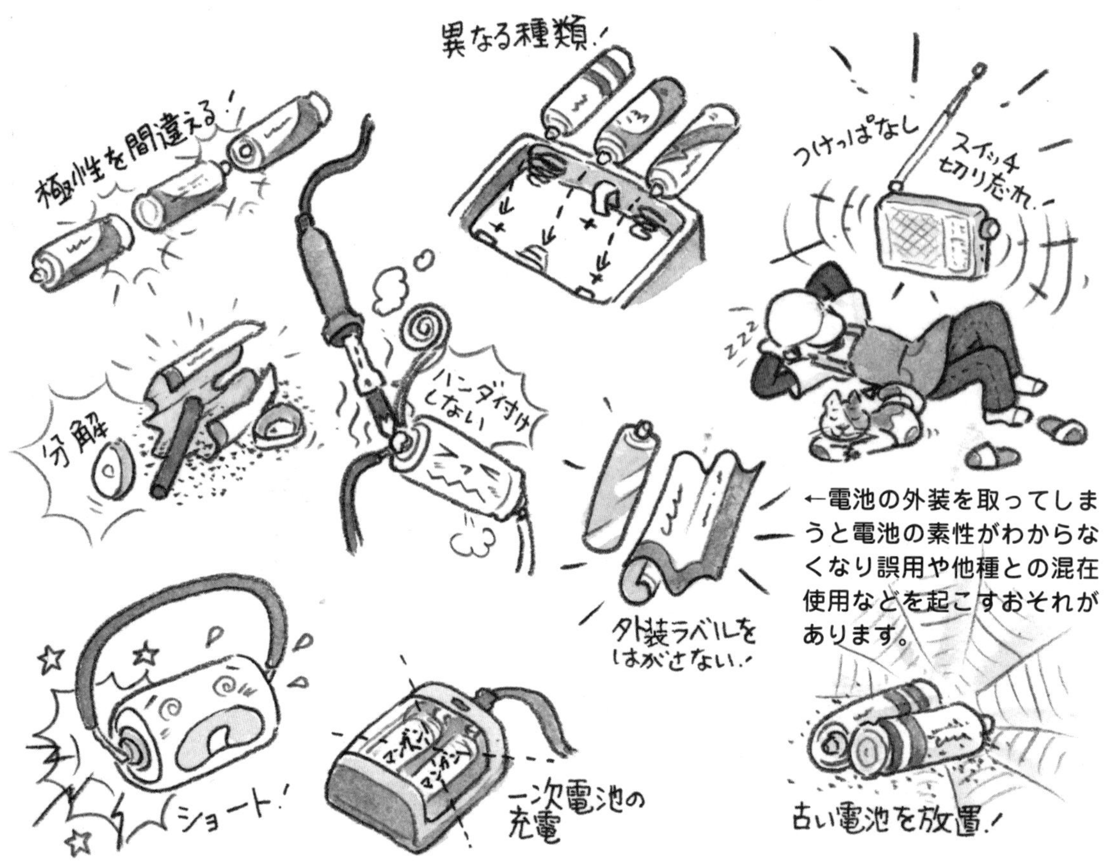

仕組みを知って正しく使おう

電池というものは、一次電池、二次電池いずれであっても、その内部は各種電極材や電解質で構成され、化学反応を使って電気を発生させるという複雑な働きをしている小さな装置です。本来の性能を安全に正しく引き出していくためには、日頃から正しい使い方にも気をつけていきたいものです。

■装填時の注意

◎同じ種類のものどうしを使う

◎新旧の電池を混ぜて使わない

◎極性を間違えない

■保管時の注意

◎古い電池を放置しない

寿命のきた電池は正しく廃棄しましょう。そのまま放っておくと腐食したり液もれを起こす場合があります。

◎ショートさせない

電線でわざと＋－をつなぐのは論外ですが、金属の箱などに入れるなど、ショートの原因になりそうなことは避けます。万一ショートさせると発熱して大変危険です。

■その他

◎一次電池を充電しない

◎分解しない

◎付けっぱなし、切り忘れをしない

あたりまえのことですが、機器は使用を終えたら切って電池を休ませましょう。それが電池を長持ちさせる基本の基本です。

第5章

チャレンジ電池作り

前章までの電池の歴史や使い方で登場した各種電池の中には、身近な部材を使って自分で出来そうな電池があります。

次ページの電池キットは一般市販品ではありませんが、その他に、誰でも実験と製作ができるおもしろい電池をとりあげました。実際に作ってみて、電気を起こすのが簡単なのか？　それともむずかしいのか？　体験してみてください。

■電池フェスタで体験！
身近な材料で電池が作れる!!

■ボルタの電池でモータを回す

■フルーツ電池で電子オルゴールを鳴らす

■木炭電池で豆電球が点灯

電池フェスタで体験！

身近な材料で電池が作れる!!

乾電池キットの組み立て

▲①セパレータ紙の入った亜鉛缶に水を注ぎ、1分後排水。セパレータに湿り気をあたえます

②二酸化マンガンの粉袋を上から揉んで中味をほぐします▶

③、④よくほぐした二酸化マンガンの粉を缶の中に入れていきます。何回かにわけて、あふれ出さないように▶

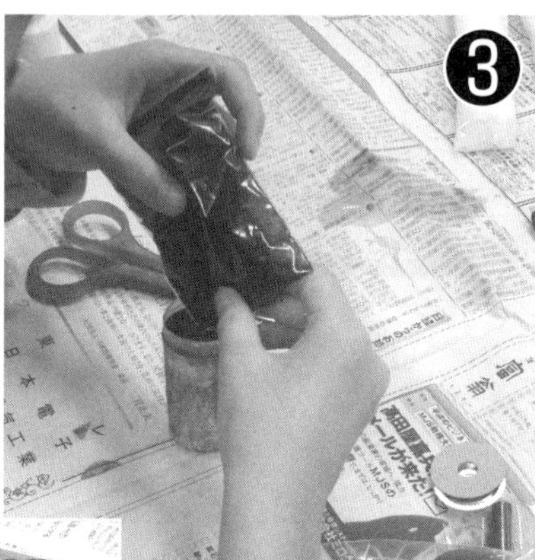

作りながら構造が解る

電池の正しい使い方などの理解を促進する活動を進める社団法人電池工業会では、11月11日の「電池の日」から12月12日の「バッテリーの日」までのひと月間を電池月間として、身近な電池を広く一般に再認識してもらうための催しを行っています。「電池フェスタ」もその一環として開催され、毎回大勢の親子連れが参加し、電池のことを楽しく学ぶクイズや乾電池教室、電池エネルギー体験教室などのプログラムを楽しみます。

中でも大人気の乾電池教室では、電池工業会オリジナルの乾電池キットを使って、ふだん見ることのできない乾電池内部の部品ひとつ一つを覚えながら組み立て作業が行われます。

組み立てるのは、二酸化マンガンを使った乾電池で、作業は次のように進みます。

電池フェスタで体験

⑦、⑧中央の炭素棒のあたまが3ミリくらい残るところまで木づちで打ち込む。その後金属キャップを炭素棒に差し込み固定▶

▲⑤二酸化マンガンを入れ終えたら、つば紙を乗せたあと、缶の半分くらになるまで突き固める

⑥缶の口にドーナツ状のプラスチックをかぶせたら、その穴から炭素棒を差し込み木づちで打ち込む▶

⑨付属豆電球を＋、－につなぐと！▼

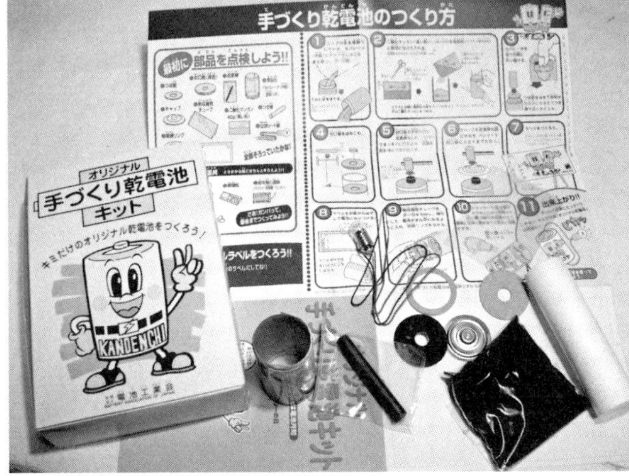

組み立て作業の流れ

①セパレータ紙が内部に入っている亜鉛缶に水を注ぎ1分間後その水を捨てる。

②その缶の中に二酸化マンガン（黒い粉状のもの）を入れる。

③セパレータの紙を中に折り曲げながら二酸化マンガンを包み込む。

④その上に円板状の紙（つば紙）をのせ、二酸化マンガンが缶の下半分になるくらいまでキット付属の棒で突き固める。

⑤缶の上口をガスケットとドーナツ型の板でふさいでから中央の穴に炭素棒を入れ、木づちなどでたたき込む。

⑥金属製のキャップを炭素棒の頭にかぶせ木づちなどでたたいて固定する。

⑦ラベルを貼り、熱収縮チューブをかぶせて熱で固定する。……これで完成です！

電気エネルギー実験

人の手で電気が起きる人間電池の実験

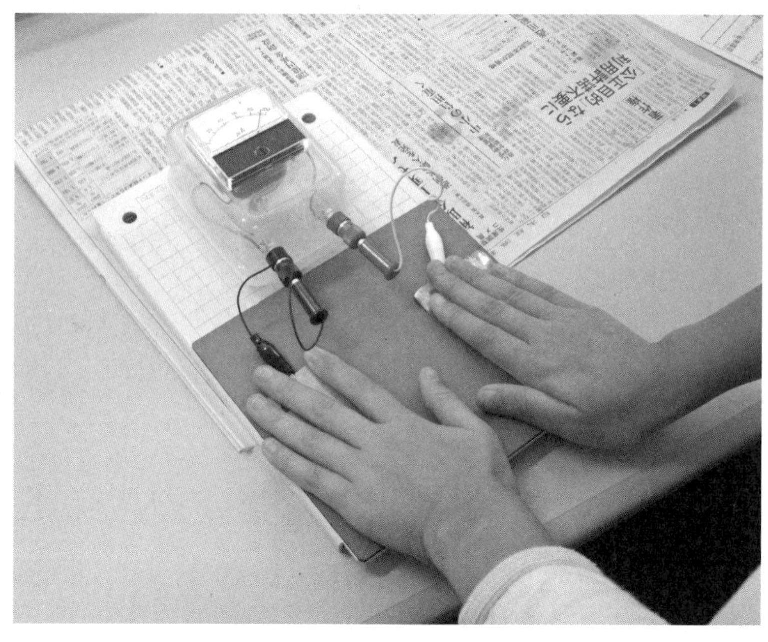

二つの金属板（銅と亜鉛）に電流計を付けて手のひらを押し当てると！　なんと弱いながら電流が流れる、つまり電気が発生するのです。汗で湿りけのある手のひらが電解質の働きをしていることがわかります。

リンゴもレモンも電池になるぞ！

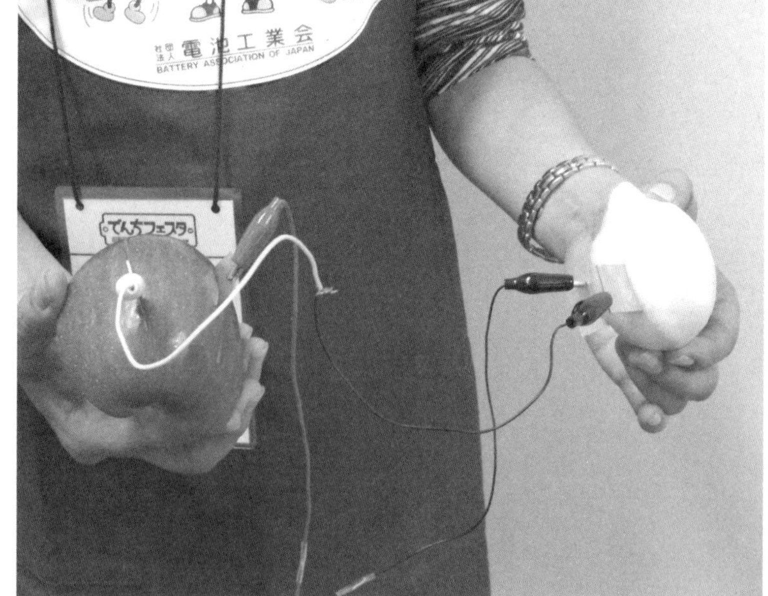

リンゴやレモンに銅や亜鉛の金属板を差し込んで電子オルゴールの電源につなぐと、なんと音楽が！　これがフルーツ電池です。

電池フェスタの催しものの一つ「電池エネルギー体験教室」ではいろいろな電池の実験が行われます。写真はその一部で、ちょっとした身の回りのものが電池の材料になることを体験的に知ることができます。

銅板と亜鉛板を使った人間電池やフルーツ電池は、銅板のほうがプラス極になります。そのしくみは本書の第1章、ボルタの電池のページで確認してみてください。

木炭電池も電池の仕組みを知る実験によく登場しますが、大きな木炭を使えば、モータを回したり豆電球を灯したりする実用的な電

電池フェスタで体験

炭でモータを回す？木炭電池

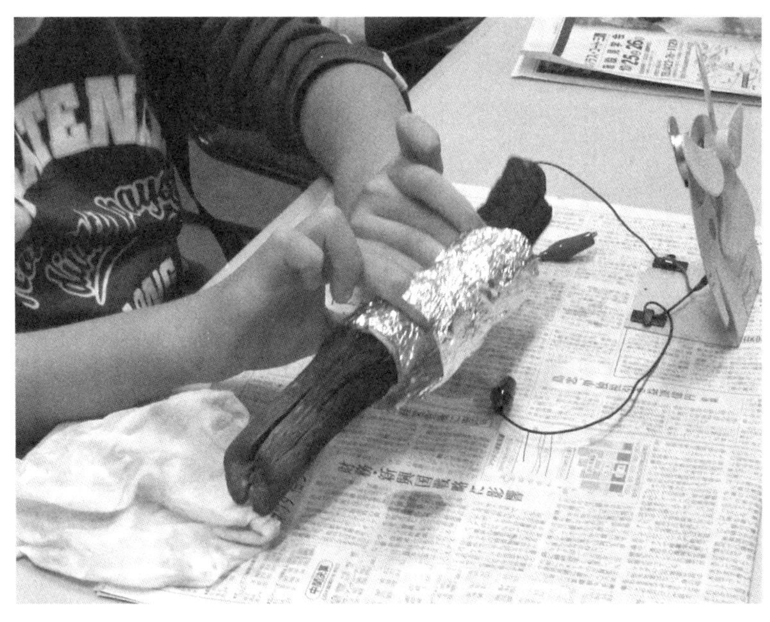

備長炭に塩水を含ませたキッチンペーパ、さらにその上にアルミホイルを巻いて、炭とアルミホイルの間にモータをつなぎます。

充電できる二次電池の実験

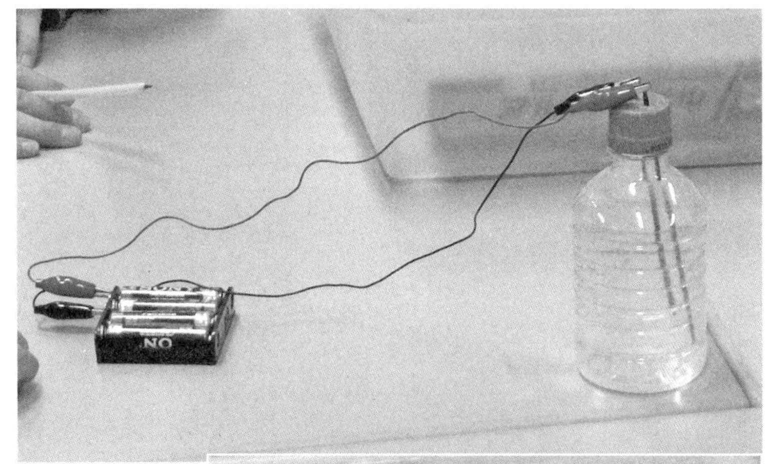

ベーキングパウダーを溶いた水入りペットボトルの栓には2本の炭素棒。まずここに単3電池4本を直列にした電気を加えて充電。その後、電池をはずして炭素棒に電子オルゴールをつなぐと音楽が流れてきました。

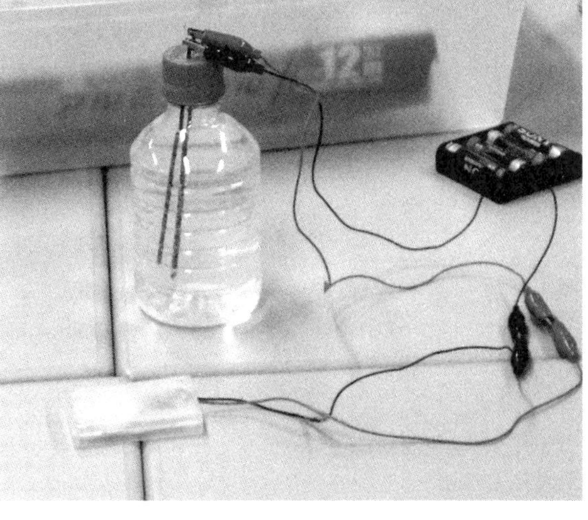

流を得ることができます。充電電池の実験も入手しやすい身の回りの材料で試すことができそうです。

なお前ページの「乾電池キット」は電池工業会のオリジナルキットで、一般に市販されているものではありません。

チャレンジ！手作り電池（その1）

ボルタの電池でモータを回す

3個直列で発生電圧は約3ボルト

身の回りの部材で実験

電池の実験を手元の部材で再現してみましょう。身の回りの物から簡単に電気が作れることに驚くと思います。これは本書の第1章18ページで取り上げた、2種の金属と塩水を使う「ボルタの電池」の再現です。ボルタの電池は、はじめはセルを積み重ねた形でしたが、水もれがショートの原因になるところから、たくさんの容器で作った電池をつないだ形になりました。ここでもビンで作った電池を、「3個直列」に並べる形にします。

●部材について＝電極の銅と亜鉛金属板だけは東急ハンズで「銅・亜鉛電極板セット」と

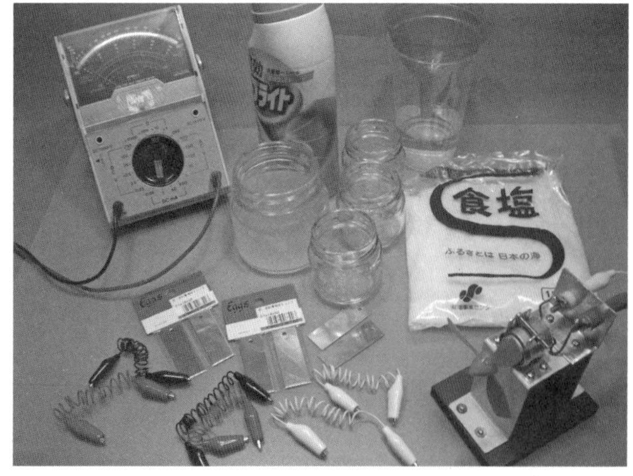

▲バスやキッチン周辺にあるものを活用。モータは小電流でも回転する太陽電池用

漂白剤は電池の活物質として働きます。必ず「酸素系」であること。ここでは、ライオン（株）の「ブライト」を使用▶

ボルタの電池でモータを回す

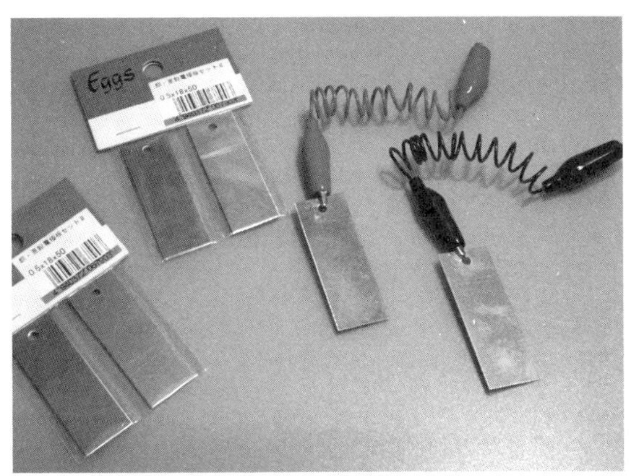

▲銅、亜鉛の電極板は実験用2枚セットを東急ハンズで購入。ビンやビニール線は身近なものを

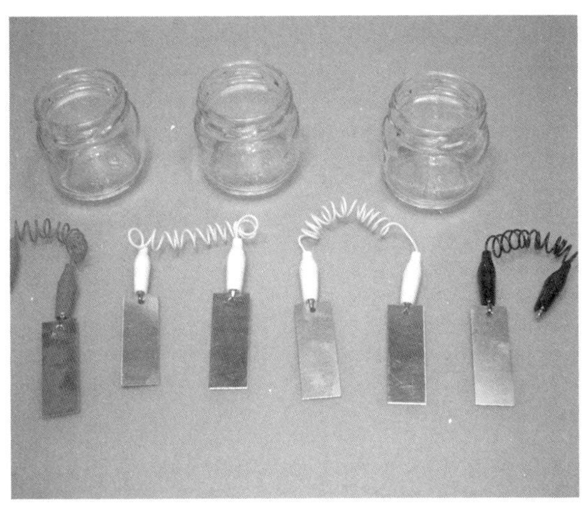

▲小ビンと銅、亜鉛のリード線付き電極

▲ワニロクリップ部をセロテープで固定

して販売されているものを3組使います。小ビンは佃煮が入っていたもので、内容積約75ccです。電解液用には食塩、漂白剤（過酸化水素を成分とするもの）を用意します。

その他の道具は、ワニ口クリップ付きのリード線、水溶液を作るための少し大きめのビン、ワリバシ、漏斗などです。

発生電気を確認するモータは、小さい電流で回る小型ものが適しています。ここでは太陽電池用モータとして販売されているものを使いました。電圧や電流を測るテスターはあればよいのですが、無くても大丈夫です。

●電極と小ビンをセット＝三つの小ビンにはリード線を付けた銅板と亜鉛板を入れ、それぞれのリード線の根元はセロテープでビンに固定し電極が動かないようにします。線のつなぎかたは写真や図のとおりです。テスターを使うときは電圧をチェックします。3Vより少し上のレンジにしておきます。

●溶液を作る＝小ビン三つ分の液体が入る大きさのビンに水180ccぐらい、食塩大さじ4〜5杯を入れ、溶けるまでかき回します。

チャレンジ！手作り電池（その1）

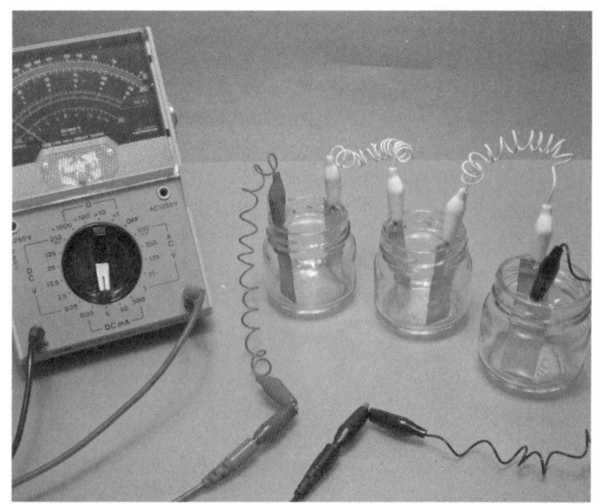
▲動作試験のため、＋－リード線を電流計に

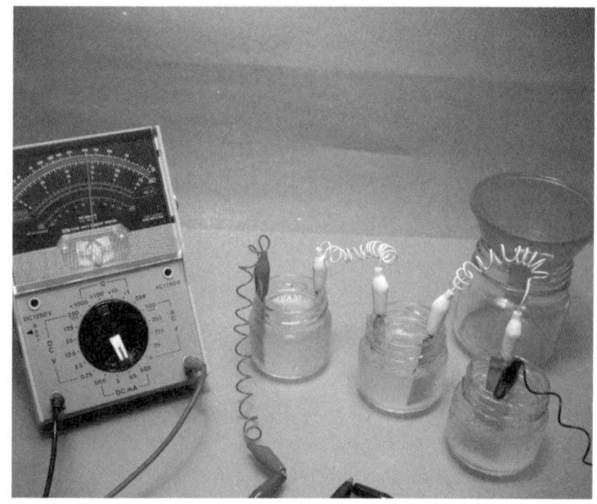
▲電解液注入。電流計の針が上がるのを確認

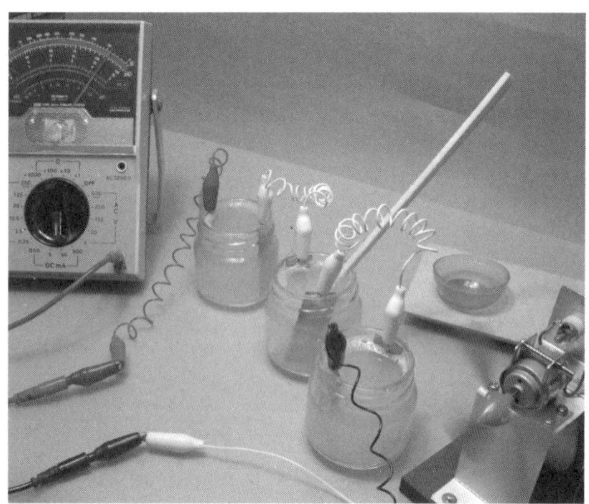
▲電池にモータをつなぐとモータが回転する

▲回転が止まる場合は、漂白剤を追加注入

透明になるまで溶けたら漂白剤（酸素系）を40～50cc入れてかき混ぜます。漂白剤はこのあとの実験中、電圧を上げるため個々の小ビンに追加注入する場合もあります。

●三つの電池ビンに溶液注入＝大ビンでまとめて作った溶液をこぼさないように漏斗をつかって各ビンに流し込みます。さらに個々の小ビンの中味をワリバシなどでよくかき混ぜます。

●モータの回転を確認＝このとおり作ればモータが回転しはじめます。しかし、1分か2分

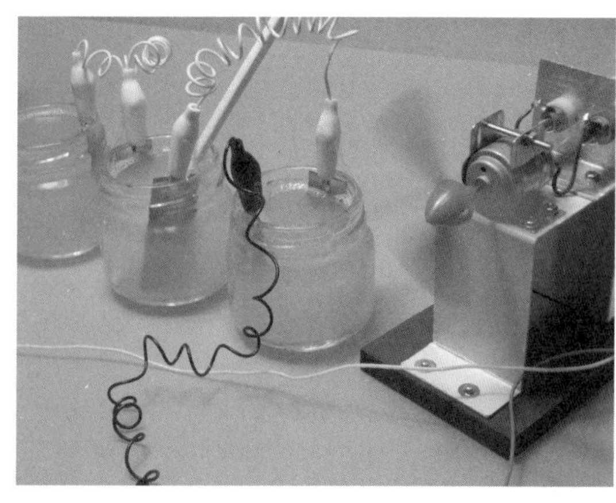
▲漂白剤を追加注入して個々の小ビンを撹拌するとモータの勢いが増す

ボルタの電池でモータを回す

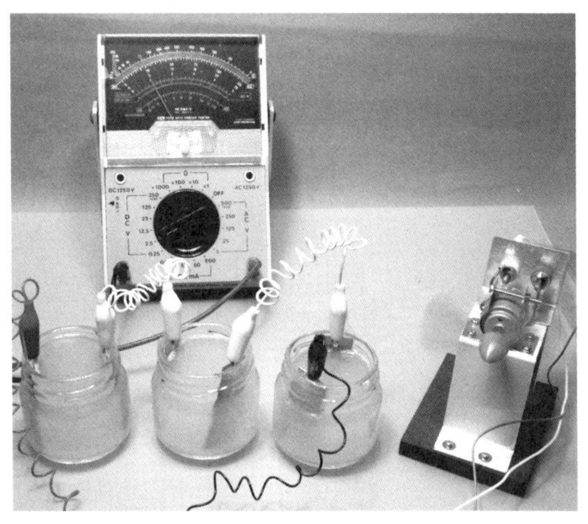

▲モータ回転状態での電圧は約1ボルト

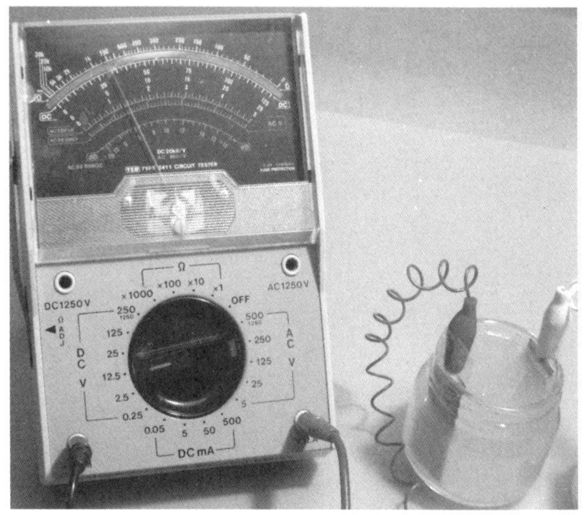

▲電圧の測定。無負荷（モータをつないでいない状態で）では3Vながら、モータをつなぐと1Vに下がる。豆電球を点灯させるにはまだ電流不足のようだ

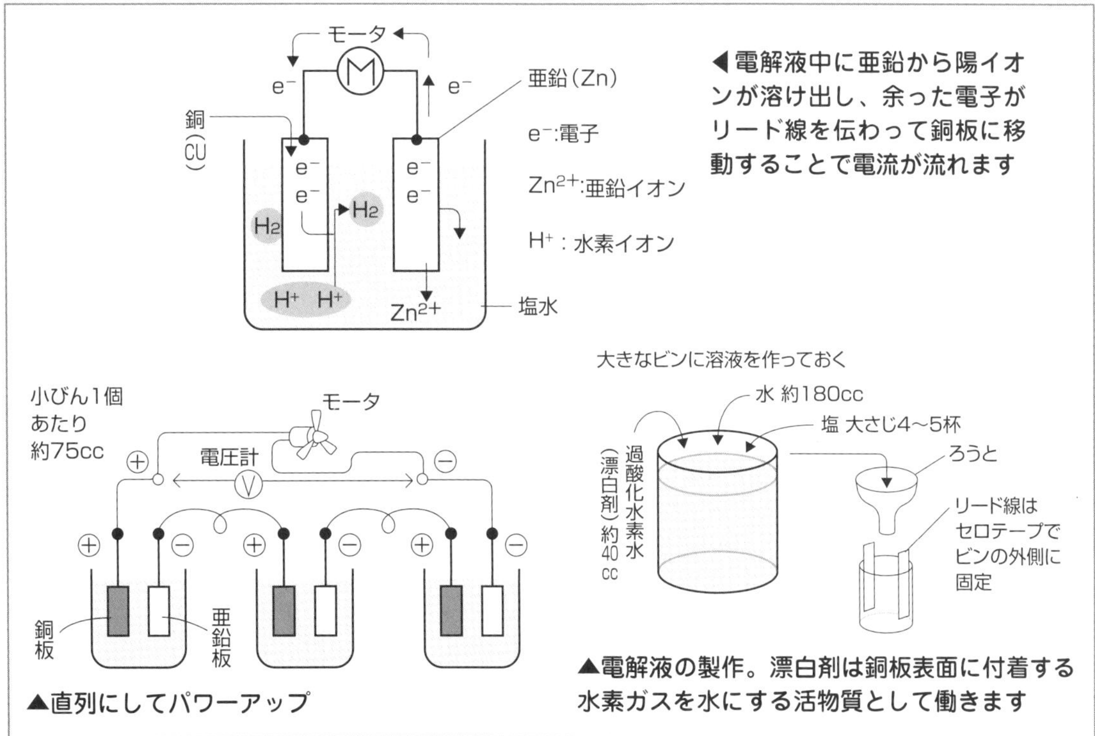

◀電解液中に亜鉛から陽イオンが溶け出し、余った電子がリード線を伝わって銅板に移動することで電流が流れます

▲直列にしてパワーアップ

▲電解液の製作。漂白剤は銅板表面に付着する水素ガスを水にする活物質として働きます

で回転が止まってしまう場合があるかもしれません。第1章のボルタの電池の解説にもあるように、プラスの電極に水素が発生して、電気の流れを妨げてしまうからです。その場合さきほどの漂白剤（過酸化水素）を個々のビンに少しずつ注入してかき混ぜるとモータの回転が復活します。

チャレンジ！手作り電池（その2）

フルーツ電池で電子オルゴールを鳴らす

1フルーツで発生電圧は約0.9ボルト

2種類の金属を電気を通す湿ったものに付けると金属の間に電流が流れることはガルバーニのかえるの足の実験から解っていました。それ以来、電池の発展の歴史はいろいろな金属と電解質（電気を通す物質や液体）の組み合わせを試す歴史でもありました。

金属の原子から電解質にイオンとして流れ出る度合い（イオン化傾向）の差がイコールが電位の差です。

つまり電池になるための条件、(1) 2種の異なる金属、(2) 電気を通す物質、を満たすものならばなんでもありで、アルミの1円硬貨と銅の10円硬貨の間に湿った紙をはさんでも電池になります。それならばリンゴやレモンでも電池になりそうだ、というのが電池の実験では有名なフルーツ電池です。

●電極板は銅と亜鉛＝前のページのボルタ電池の実験にも使ったものです。

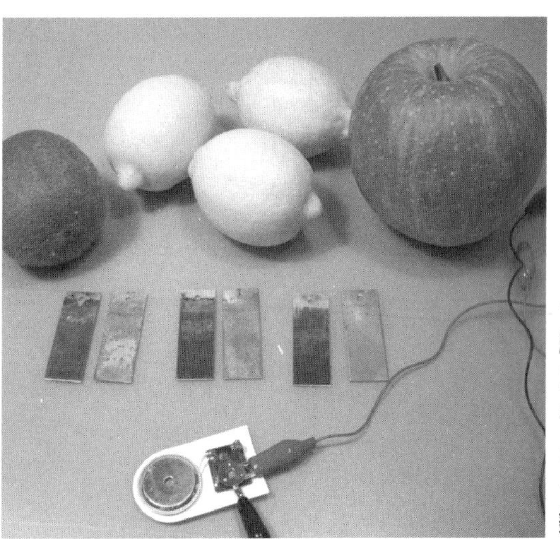

◀フルーツ電池の実験材料として、レモン、キウイ、リンゴを用意。電極はボルタの電池の実験に使ったのと同じ銅と亜鉛板

◀レモンと電極

▼リンゴと電極

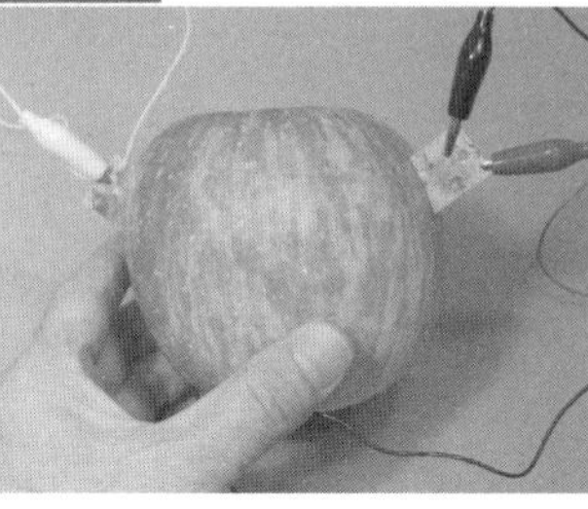

フルーツ電池で電子オルゴールを鳴らす

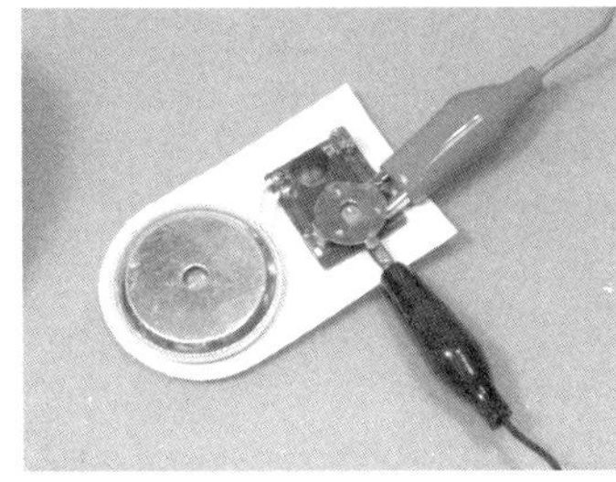

▲電子オルゴールはボタン電池をはずし＋、－部からリード線を引き出す

発生電圧はレモン3個でも別々のフルーツ3個でも同じで約2.3ボルト。電子オルゴールをつなぐと、それが1ボルトに下がる。電子オルゴールの音はスピードの遅いテープのような感じながら、電気が起きていることはわかります。

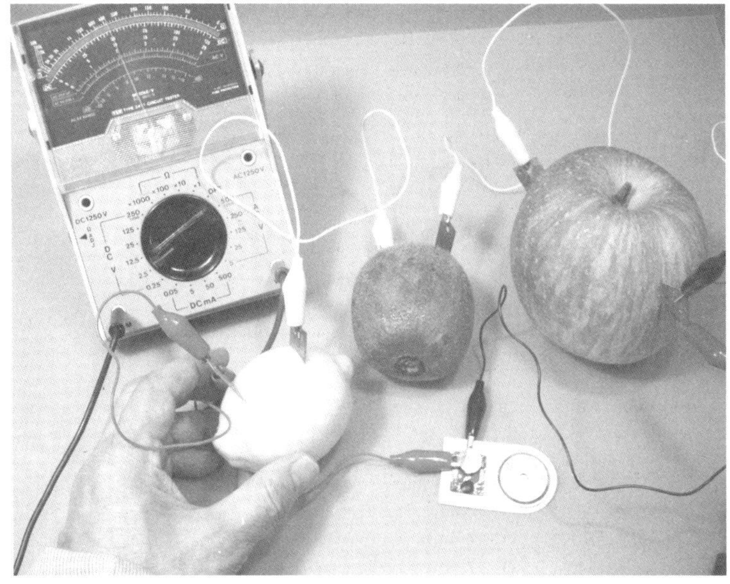

▲3種のフルーツを直列に。電子オルゴールはなんとか鳴っている状態

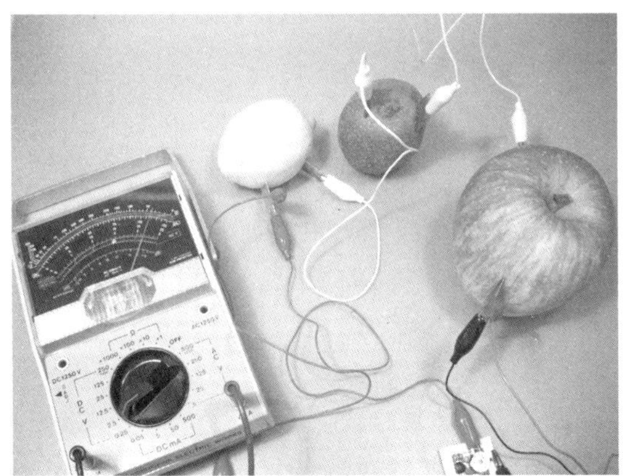

▲3種のフルーツ直列で約2.3ボルトが発生

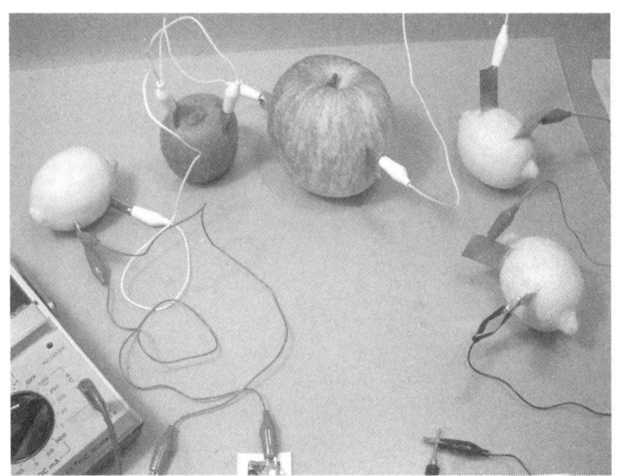

▲電圧を上げるため5個直列を試すが、NG

●発生電圧＝フルーツ一つあたり約0.9ボルトでした。リンゴでもキウイでもレモンでも同じです。直列にすれば当然足し算した数字になるかと思えばそうではなく、2.3ボルトでした。これは、個々の電池の中に電流を妨げる抵抗成分があるからです。そのため、6個直列にしても、思ったほど電圧は上がりません(今回は約2.8ボルト)。なお電子オルゴールはようやく鳴っている状態です。

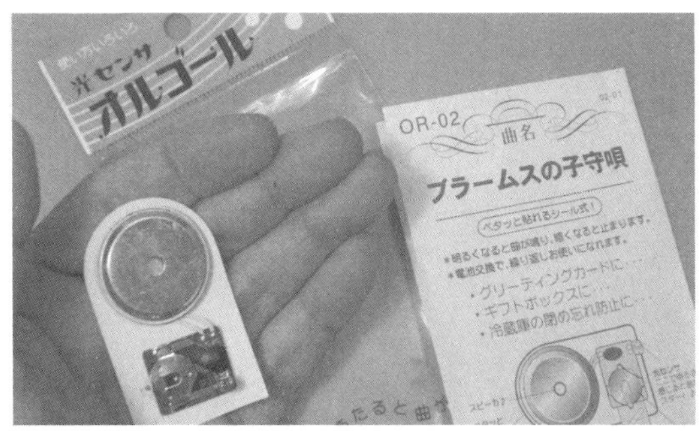

▲実験に使ったイーケイジャパンの光センサオルゴール。525円で購入

チャレンジ！手作り電池（その3）

木炭電池で豆電球が点灯

2個直列で 発生電圧は 約1.8ボルト

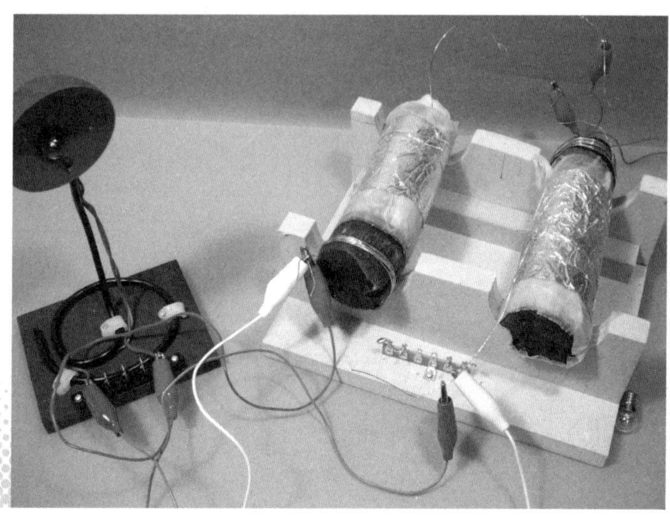

▼木炭電池の構造と用意する材料

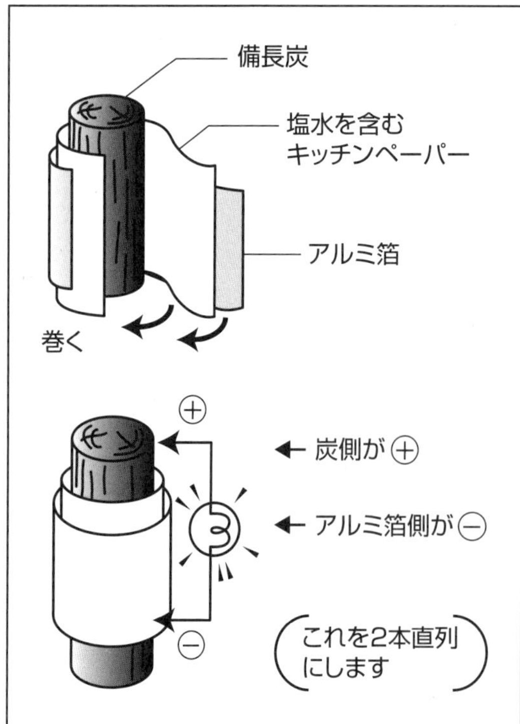

これまでの電池製作実験ではボルタの電池でモータを回し、フルーツ電池で電子オルゴールをやっと鳴らすくらいの電気を起こすことができました。でも両方とも豆電球の点灯はできませんでした。定説では木炭電池ならば豆電球を点灯するパワーがありそうです。実際に点灯できるのか、試してみることにします。

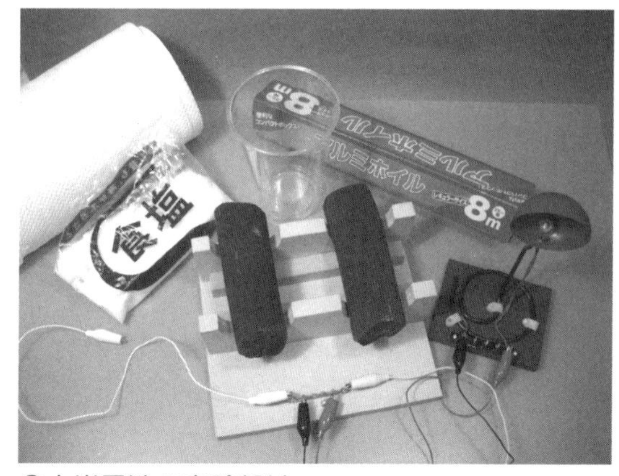

①木炭電池の実験部材

木炭電池で豆電球が点灯

②木炭の寸法にあわせた台と木炭

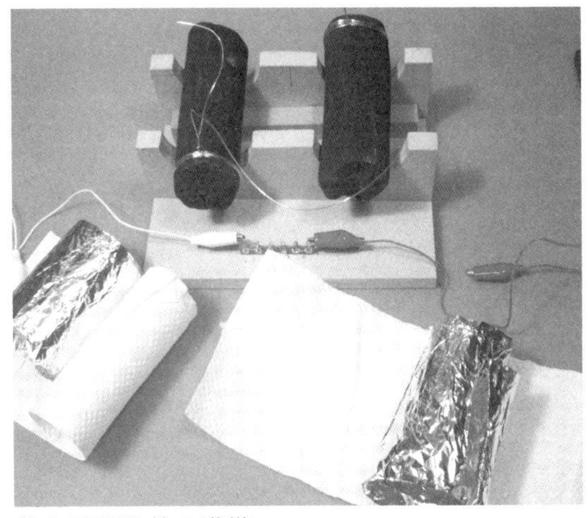

③実験開始前の準備

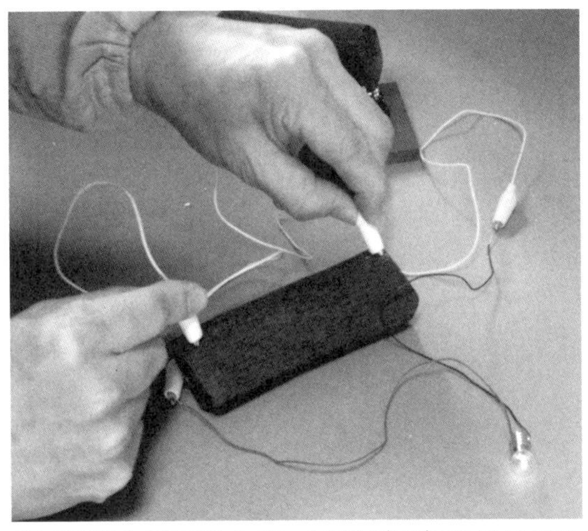

④豆電球と乾電池を使って炭が電気を通すかを確かめる。点灯すれば使える

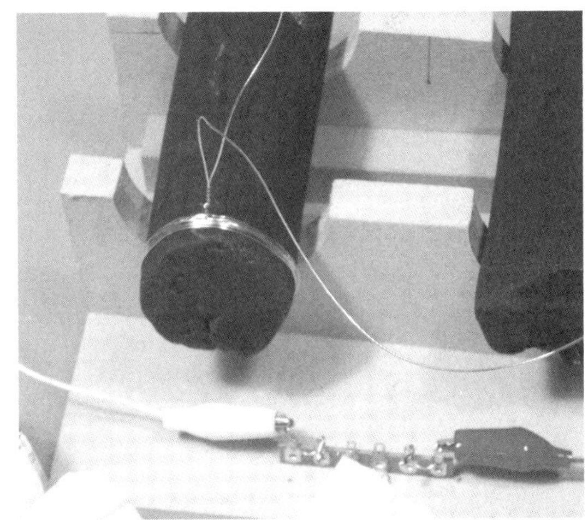

⑤炭にはリード線のワニロクリップで挟みやすいようにスズメッキ線を巻いておく

●炭は備長炭を使うこと＝部材はこれも身近なものですが、木炭だけは備長炭が必要です。高温で焼いた炭で切り口はツヤツヤと隙間がなく、たたくと堅い音がします。電気を通すことが条件ですので電池と豆球で電気が通るかを確かめます。

●塩水は濃く＝中コップの水に大さじ２杯の塩を入れてよくかき混ぜます。溶けきらず底に残るくらい濃くてもOKです。

●炭に塩水を含んだ紙を巻く＝キッチンペー

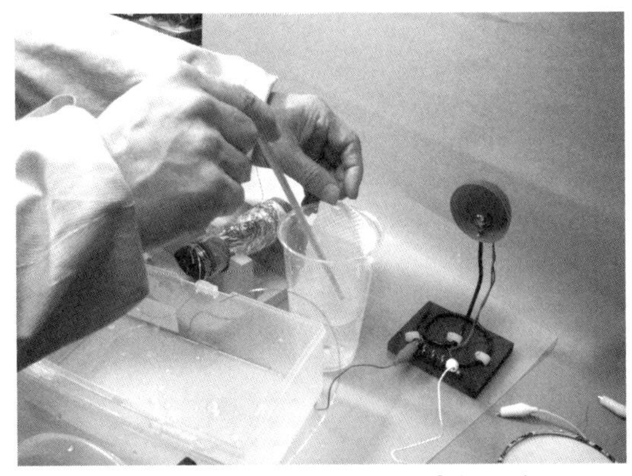

⑥濃い塩水は中コップに大さじ２杯の塩を。そこにキッチンペーパーを浸す

チャレンジ！手作り電池（その3）

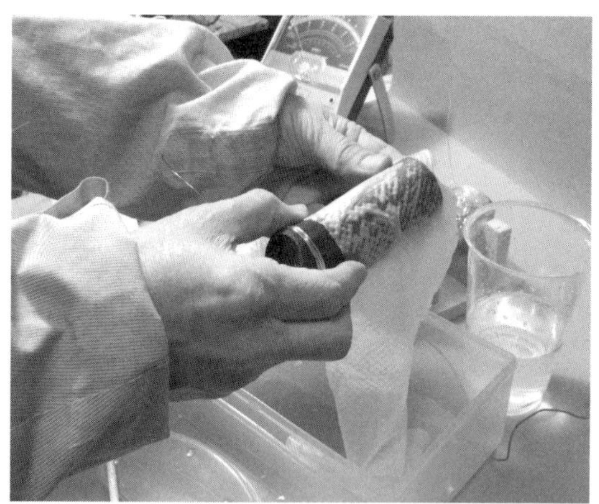
⑦塩水を含ませたキッチンペーパーを炭に巻き付ける

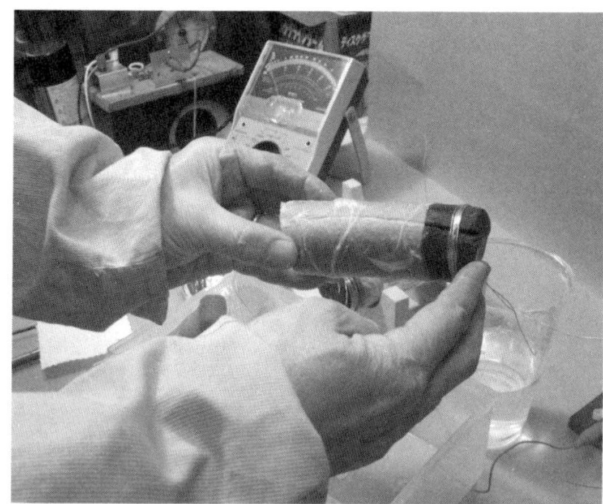
⑧それをしっかり巻いて炭に密着させる

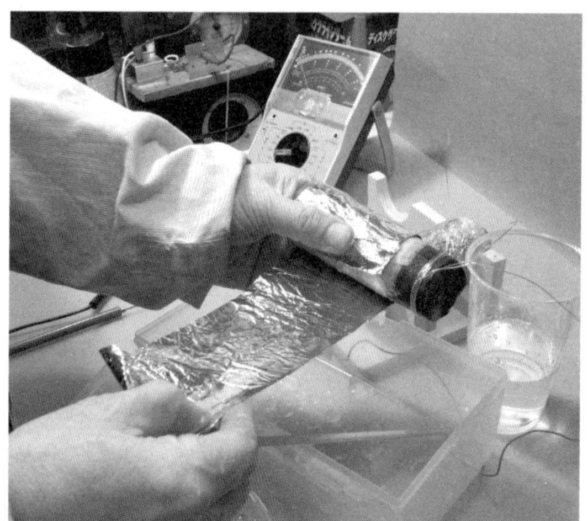
⑨次にアルミホイルを巻き付ける。よくしごいてこれも密着させる

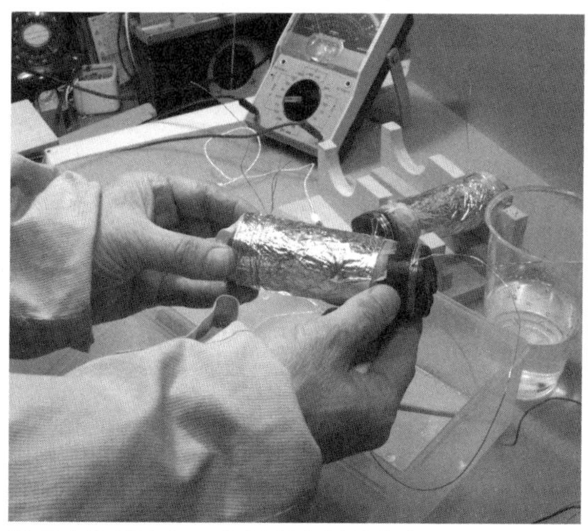
⑩アルミ箔をしっかり巻き付けたところ

パーを塩水の入ったコップに浸してから炭にしっかり密着させて巻きます。

●アルミ箔を巻く＝紙より少し幅のせまいアルミ箔を紙の上にしっかりと巻きます。アルミ箔が炭に触れていると動作しないのでそうならないよう注意して巻いてください。

●2本で実験＝入手した備長炭は長さ12センチとやや短いので2本直列にすることにしました。リード線をつないだり電圧を測るのが楽になるように木製台を作りましたが、この形に限らず固定台があると便利です。

●豆電球が点灯した！　が・・。＝2本の木炭電池を固定台に置き、豆電球（1.5V0.08A）をつないでみます。写真のように、ぼんやりとした光ながら点灯が確認できました。

残念ながら消費電流の少ない豆電球にも関わらず数分で消えてしまいましたが、モータはその後でもボルタの電池のときよりも力強く回転しました。

●発生電圧＝2本直列にして何もつながない

木炭電池で豆電球が点灯

⑪同じものを2本作り、台に乗せた

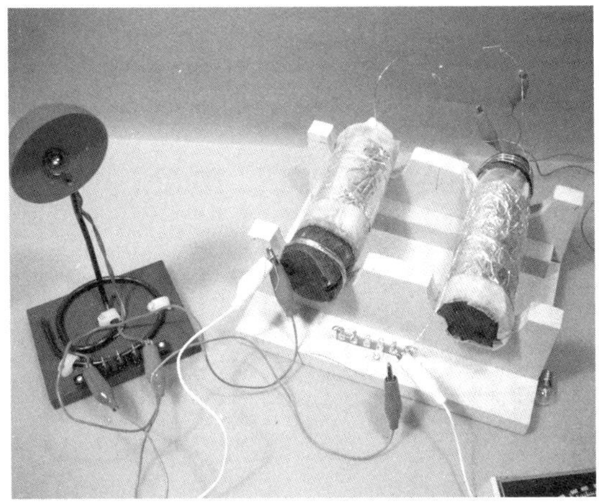

⑫直列にして豆電球（1.5V0.08A）をつなぐとかすかに点灯しているようだ

⑬そこで部屋の明かりを消して撮影した状態。ぼんやりと光っている

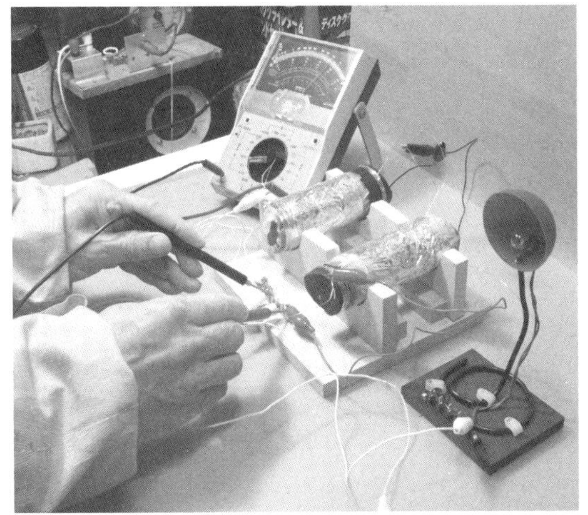

⑭電圧のチェック。何もつながないときは2本で1.8V。豆球を付けると0.7Vに下がる

状態の発生電圧は1.8ボルト。豆電球をつなぐとそれが0.7ボルトに下がりました。予想どおり電流容量は小さいことがわかりましたが実験１日後、ほぼ乾いた状態の木炭電池に電子オルゴールをつなぐと元気に鳴り出しました。

●実験結果＝66〜75ページは電池を理解する重要な実験ですが、同時に市販電池がいかに優秀なのかも実感させられることでしょう。

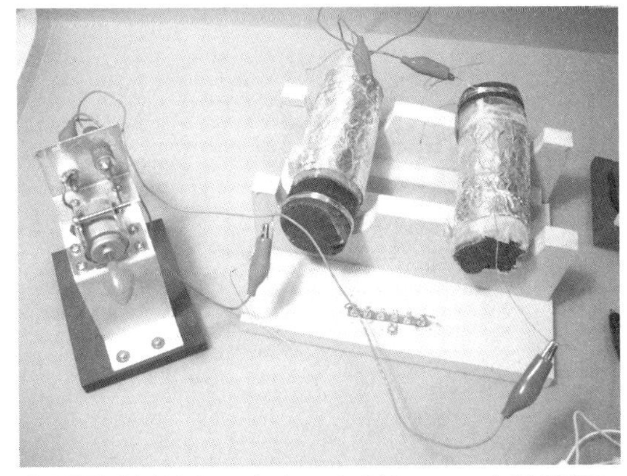

⑮豆電球以外も、もちろんOK。モータは元気に回る。電子オルゴールは1日鳴りっぱなし

データシート ハンダ付けの方法

ハンダって？

金属の錫（スズ）と鉛（ナマリ）の合金です。最近は鉛の害をなくすために錫と銀・銅の合金、錫と銅・ニッケルの合金で作られた「鉛フリーハンダ」が使われています。糸ハンダと呼ばれる、細い線として売られています。糸ハンダの中には、ハンダ付け作業を効率化するためにフラックスが入っています。

準備するもの

- ハンダゴテ（30～40W）
- 糸ハンダ
- こて台
- ニッパ
- ラジオペンチ

ハンダ付けの方法

①  ハンダ付けする部分にハンダゴテのコテ先の腹をあてる。

②  コテ先にハンダを持っていき、ハンダを溶かす。

③  適量のハンダが溶けたらハンダをはずし、溶けたハンダがなめらかに流れるまで2～3秒コテ先をあてる。

④  余った部品の足は根元からニッパで切り取る。

ショート

ハンダ不足

熱不足

熱の加えすぎ

第6章

電池を使った簡単工作

この章では、これまで見たり実験したりしてきた電池を使った電気工作をしてみましょう。取り上げるのは電池と部品を組み合わせて完成する簡単なものですが、ハンダゴテや穴開け工具も使う初級電子工作のウォーミングアップ的なものです。回路は簡単ですが、体裁は各自独自のアイデアを盛り込み、自分だけの作品にしあげてみてください。

※はじめて電子工作に挑戦する人は、76ページと94ページのハンダゴテや工具の使い方をご覧ください。そして、指導の先生やお父さんなどと一緒に取り組んでください。

簡単電池工作（1）

太陽電池で回る
小型扇風機

（太陽電池 または単3乾電池×1使用）

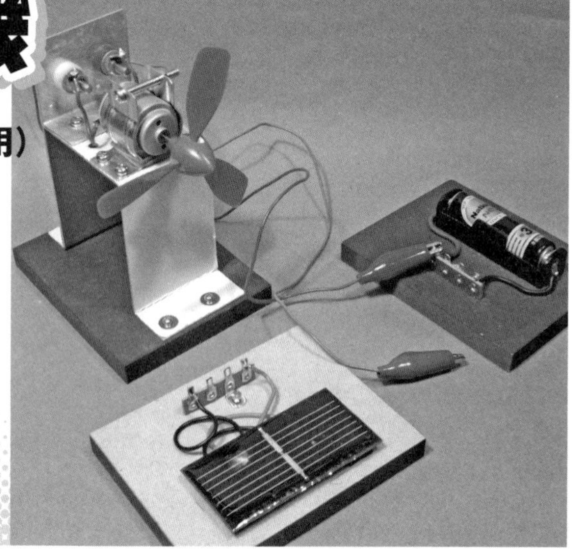

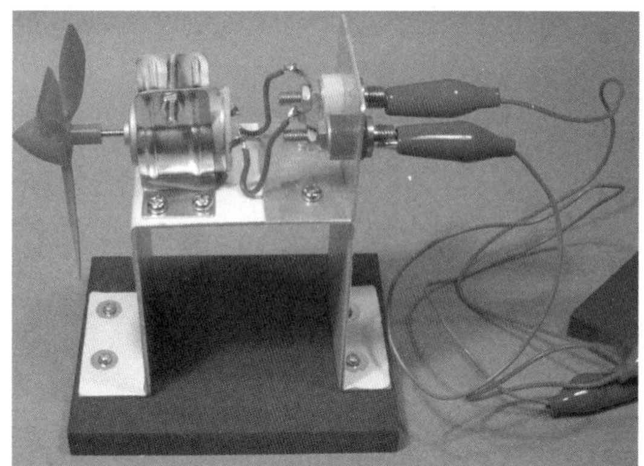

▲土台は木の板。プロペラを回すためアルミ板を曲げてモータ自体を持ち上げています

●太陽電池から動力エネルギーを引き出す＝電池の電気エネルギーを動力エネルギーに変換するのがモータです。これは太陽電池で動くモータのキット（ワンダーキットのソーラー＆モータ）を利用したものです。これは部品店で950円くらいで購入できます。

太陽電池は多結晶シリコンで大きさは6×2.6センチ。動作時の電圧は約1V、電流は約150mAです。モータはDC（直流）1.5V用で、少ない電流でも回転する太陽電池に適してい

■小型扇風機に使った部品■

部品名	内容	個数	参考価格（単価）
ワンダーキット	ソーラー&モータ／SOL-MP1（W）	1	1,029円
木板	9×7cm、厚さ9mm	3	
モータベース	マブチモータベース　130/140用	1	168円
ターミナル	陸軍型	2	60円
ラグ端子	1L3P	2	52円
電池ホルダ	単3電池×1用	1	40円
電池	単3電池	1	
モータ台用板	アルミ板あるいは木板	適宜	
（部品代　約1,500円）			

小型扇風機

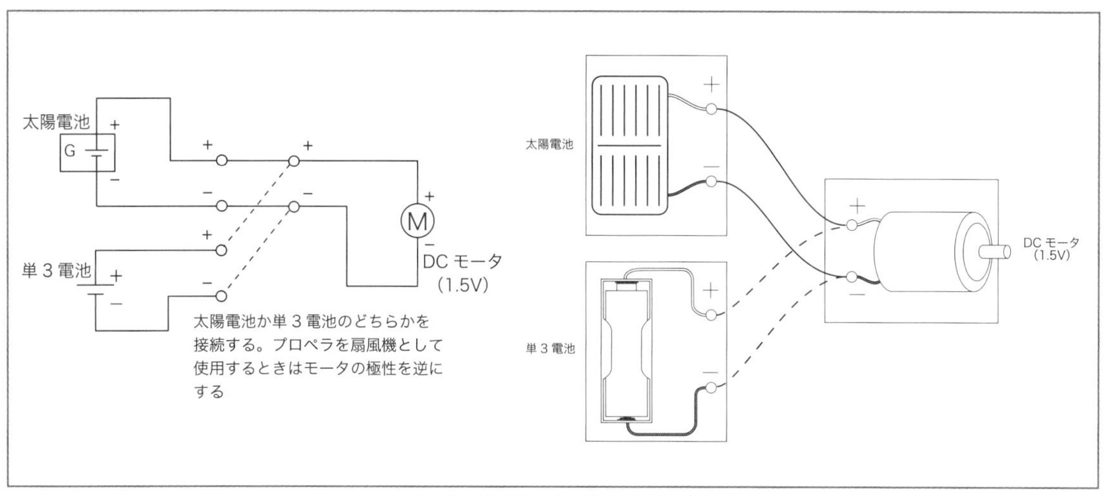

▲小型扇風機の回路図と結線図

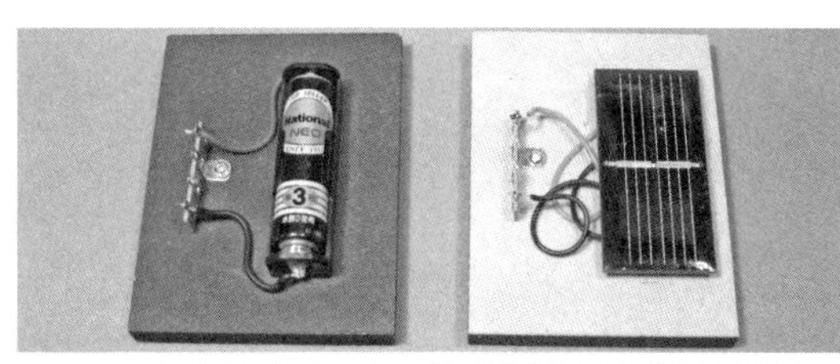

▲モータを回転させる単3電池（左）と太陽電池（右）

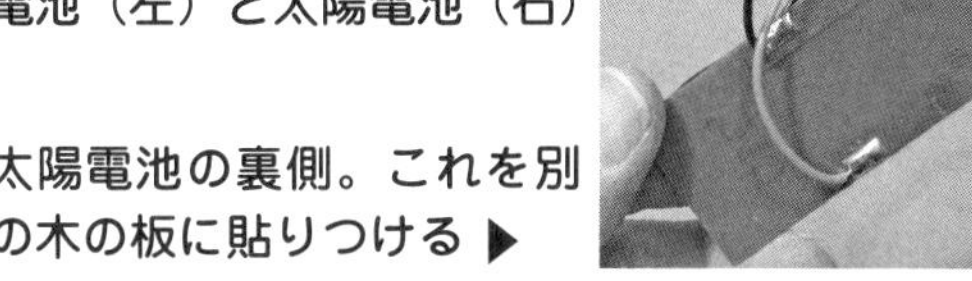

太陽電池の裏側。これを別の木の板に貼りつける ▶

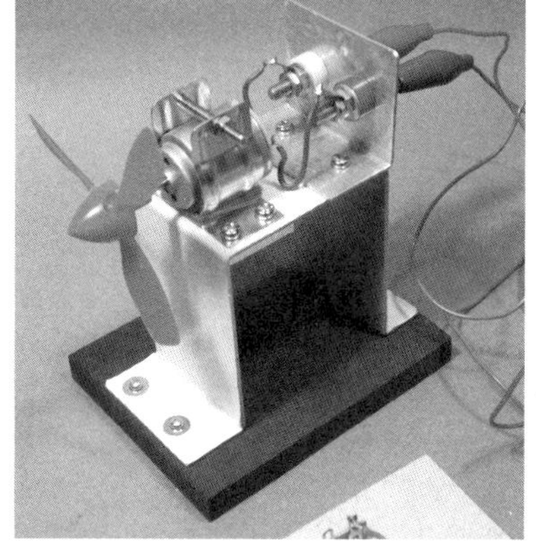

◀モータ固定は「マブチモーターベース130/140」を使用

るもので第5章の自作電池の試験にも利用しています。

●組み立て＝キットにはモータ、太陽電池、プロペラが入っています。そのほかのモータ固定金具、端子類は用意する必要があります。モータ固定用には「マブチモーターベース130/140」がぴったり合います。

プロペラを回す関係からモータの位置を高くする必要があります。ここではアルミ板を加工して写真のような台を作りました。木の板や木の固まりでもかまいませんので工夫してください。

モータや太陽電池を固定する板は9×7センチ（厚さ9ミリ）を使いましたが、これも好みの形、寸法でかまいません。

太陽電池や単3電池ホルダは木板に両面テープで貼りつけます。

●電池でも回そう＝キットのモータには写真のようなプロペラが付属し、「太陽光で回る小型の扇風機」として使えるようになっていますが、このモータは当然普通の乾電池でも回ります。太陽光のないときにも回せるように電池1本の電池電源も作りました。

扇風機とする場合はモータのマイナス端子に太陽電池や単3電池のプラスをつなぐと風は正面に吹きます。

小さな太陽電池ですが、直射日光に当てるとプロペラは高速に回転します。

簡単電池工作（2）

電池とブザーで情報通信 モールス信号発信機

（単3乾電池×1使用）

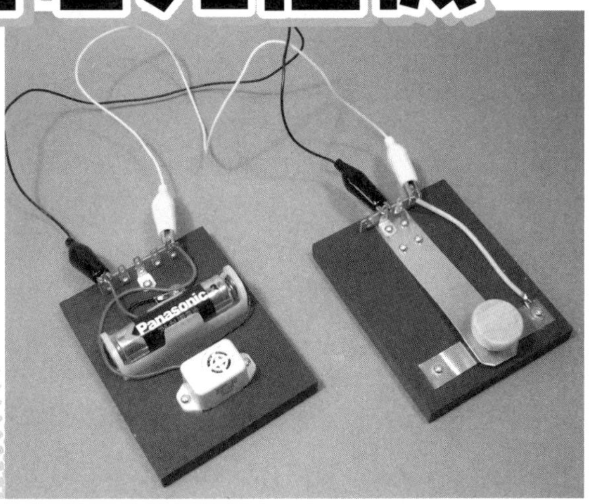

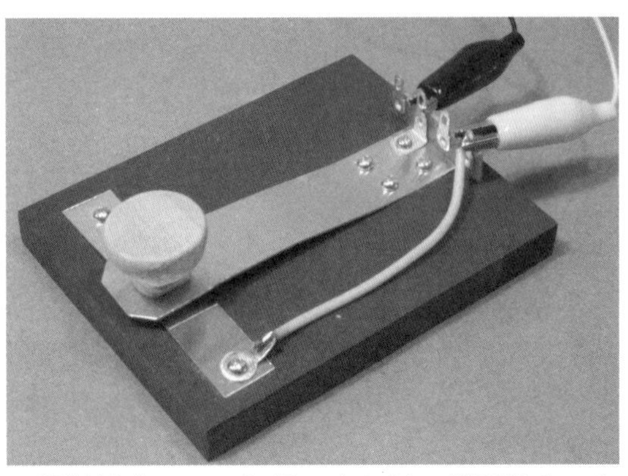

▲素材は木、アルミ板、木ねじ。端子はキーもブザー部もL型ラグ板で代用

●電池で大きな音を出す＝電池を使って大きな音を発生させてみましょう。しくみはとても簡単で電池をブザーにつなぐだけです。押しボタンスイッチと組み合わせれば簡単な呼びリンとして使えます。

簡単なブザーは鉄棒（太い釘など）に細い銅線をぐるぐる巻いて作った電磁石にで作ることもできますが、ここでは完成品の電子ブザーを使います。電子ブザーは2センチ角ぐらいの小さい箱の中にコイルや振動板、トラ

■モールス信号発信機に使った部品■

部品名	内容	個数	参考価格（単価）
電子ブザー	SMB-01　DC1.5V	1	440円
電池ホルダ	単3×1用	1	40円
電池	単3電池	1	
アルミ板	厚さ0.7mm、15×15cm程度	1	
木ねじ	2mm×10mm	10本	
木板	厚さ9mm、9×7cm程度	2	
木片	キーのツマミとして	少々	
ラグ端子	1L3P	2	52円
（部品代　約800円）			

モールス信号発信機

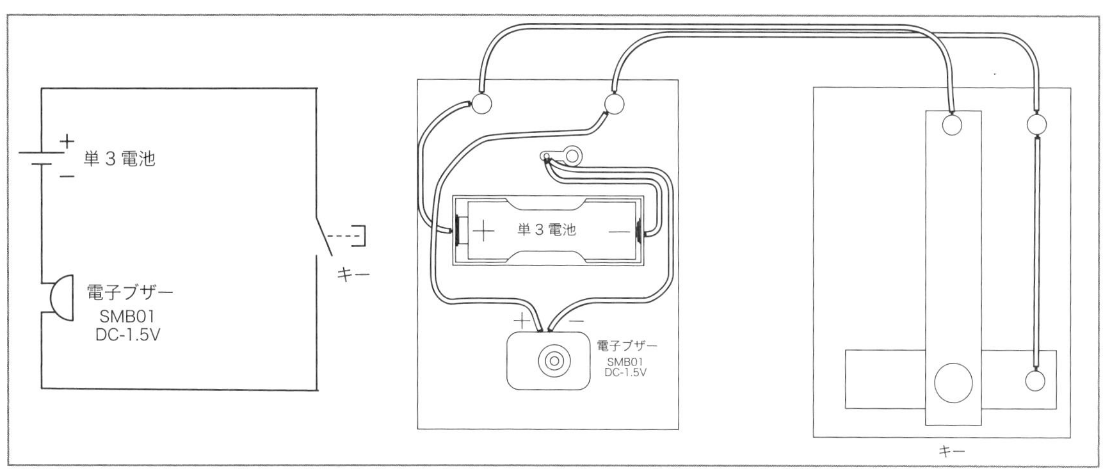

▲モールス信号発信機の回路図と結線図

A	•–	J	•–––	S	•••
B	–•••	K	–•–	T	–
C	–•–•	L	•–••	U	••–
D	–••	M	––	V	•••–
E	•	N	–•	W	•––
F	••–•	O	–––	X	–••–
G	––•	P	•––•	Y	–•––
H	••••	Q	––•–	Z	––••
I	••	R	•–•		

1	•––––	6	–••••
2	••–––	7	––•••
3	•••––	8	–––••
4	••••–	9	––––•
5	•••••	0	–––––

▲モールス符号（アルファベットと数字）

ンジスタが入っていて電池をつなぐだけで「プーッ」という音を出します。

電子ブザーはスター精密製で動作電圧や発生音色に応じたさまざまな種類がありますが、1.5Vの電圧で動作するSMB-01 DC1.5V（STAR08D）を使っています。電子部品の店で400円程度で買えます。

これを単3電池につないで鳴らしますが、単なる呼びリンよりも、第1章で紹介している明治維新直後日本中に設置された電池を使った電信になぞらえて、通信遊びに使えるモールス発信機にしてみました。

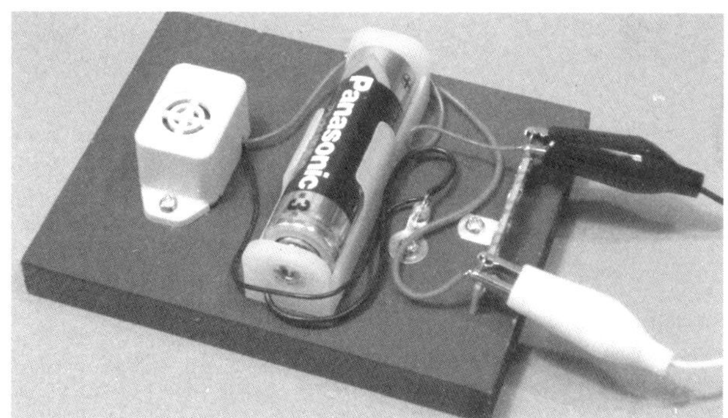

▲電子ブザーはSMB-01 DC1.5V（STAR08D）。電池は単3×1ホルダに入れる

●作る＝ブザー部分とスイッチ部分を2枚の板に分けて作ります。ブザー部には電子ブザーと単3電池ホルダを取り付け、スイッチ部はアルミ板で「キー」の形にします。

電子ブザーには極性があります。赤い線がプラス、黒い線がマイナスですから間違えないようにつなぎます。それぞれの板には1L3Pの配線用ラグ端子を付け、これをターミナルとしてワニ口クリップ付きのリード線で二つの間をつなぎます。

キーは、図のように厚さ0.7ミリ程度の薄いアルミ板かブリキ板を切り抜いて作ります。ツマミは1.5センチくらいの丸棒を1センチくらいに切って木ねじで止めます。

簡単電池工作（3）

柔らかな光が手元を照らす
豆球電気スタンド

（単2乾電池×2使用）

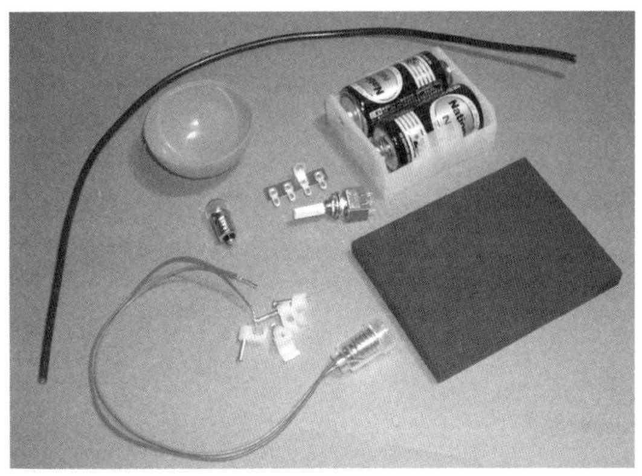

▲豆球電気スタンド用の部品。木の板は9×7センチ

明るい蛍光灯の照明よりも時にはゆったりと心和む暖かい電球のあかりが好まれることもあります。電池の活用としてそんなムードのあるかわいい「豆球電気スタンド」を製作しましょう。

●使用部品＝一覧表のとおりです。土台となる木の板はこの寸法や形にこだわらず入手しやすいものを利用してください。なお製作にはハンダ付けが必要です。

●電球の笠※＝小さいおもちゃなどが入って

■豆球電気スタンドに使った部品■

部品名	内容	個数	参考価格（単価）
電池	単2電池	2	
電池用ホルダ	単2×2用	1	90円
豆電球	2.5V、0.5A	1	60円
豆電球ホルダ		1	40円
ビニール被覆銅線	外径4mm	40cm	
スイッチ	3Pトグルスイッチ	1	150円
ラグ端子	1L3P	1	52円
ステップル	ケーブルステップル	4	10個入り　150円
木の板	7×5×0.9cm位	1	
笠の部材※	小さいおもちゃの入っている景品のボール　直径5cm位	1	
熱収縮チューブ	直径5mm	20cm	1m　50円
木ネジ	小	2	
（部品代　約800円）			

豆球電気スタンド

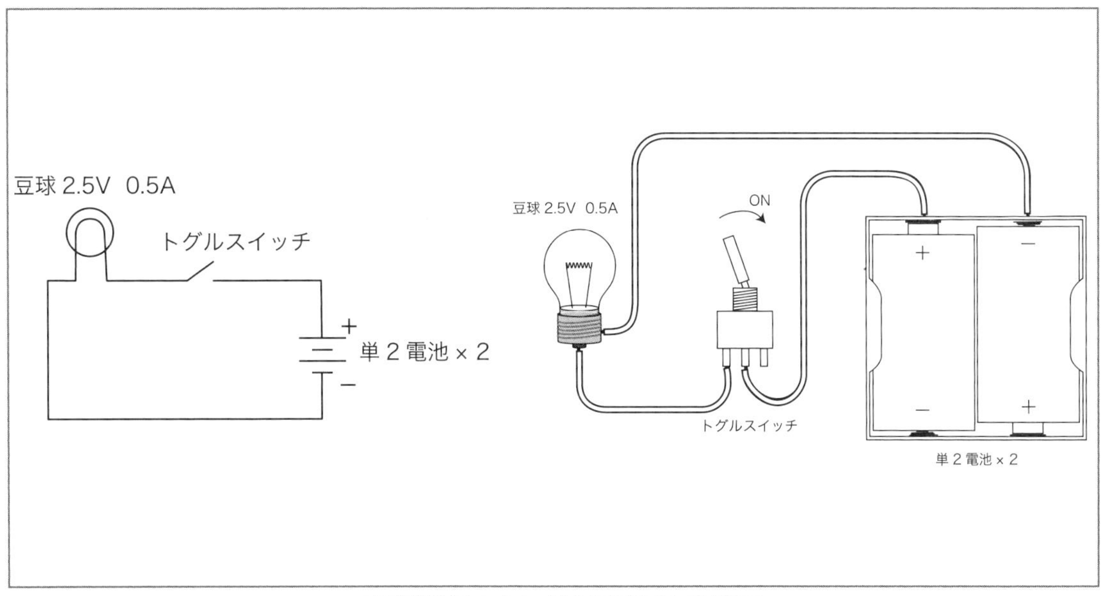

▲豆球電気スタンドの回路図と結線図

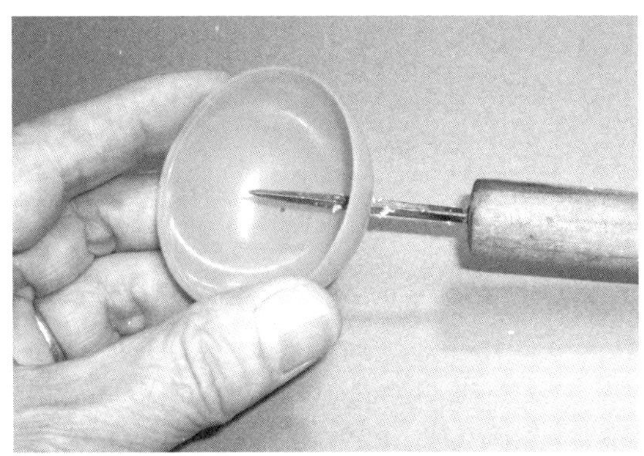

▲笠の豆球ホルダを差し込む部分にキリで穴を開ける

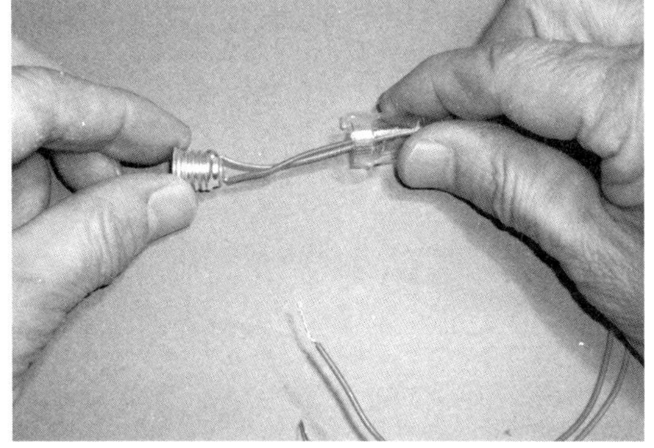

▲電球ホルダの外側をはずす。取りにくい場合は割ってはずす

いる景品のボールを利用しました。二つに分かれるもので半分がポリスチレン（PS）、半分がポリプロピレン（PP）です。弾力性のあるポリプロピレンの方を使います。

●組み立て＝写真の手順のように、まず笠の加工からはじめます。豆電球ソケットの外側のケースがはずしにくい場合は、割って取り去ります。

スタンドの笠を支えるビニール被覆の銅線は芯が2ミリ、外側のビニール部分が4ミリあり、笠にキリで小さめの穴をあけて差し込むことで固定します。電球のリード線と支えのビニール線の外側には太さ5ミリの熱収縮チューブをかぶせました。

●暖かみある明かり＝明治時代、屋井先蔵さんが作った乾電池の明かりもこのようなムードあるものだったのかもしれません。

簡単電池工作（3）

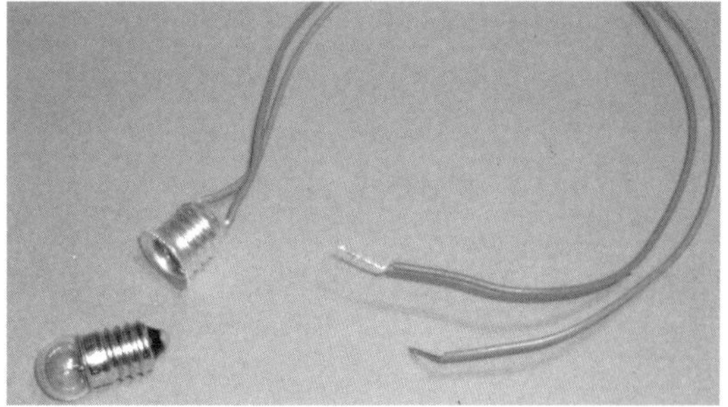

▲電池ホルダと豆電球。電球は2.5V、0.5Aのものを使う

▲笠内側から外に向けホルダをねじ込む

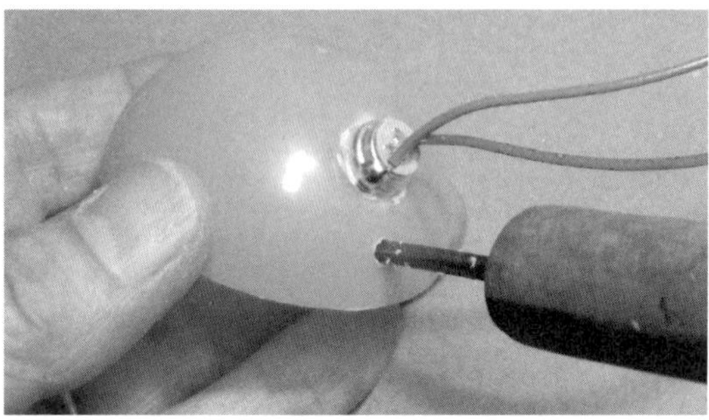

▲この部分に銅線を通す穴をあける。（直径3mm程度）

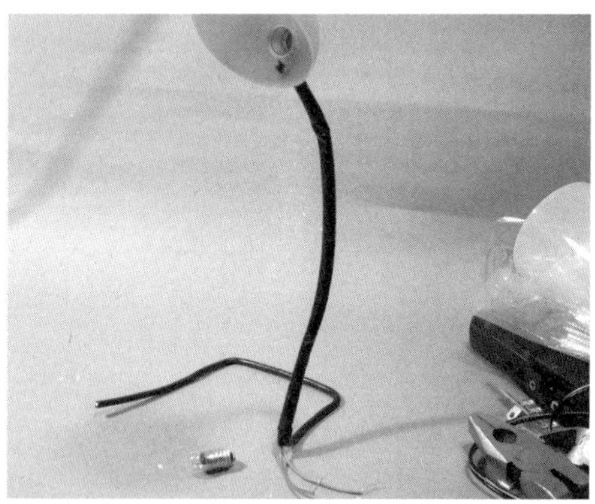

◀笠に差し込んだ銅線をこんな形に曲げる

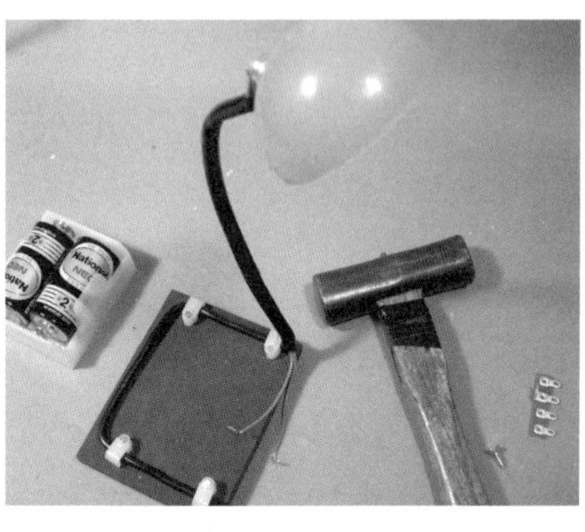

◀曲げた銅線を、止め釘で板に打ち付ける

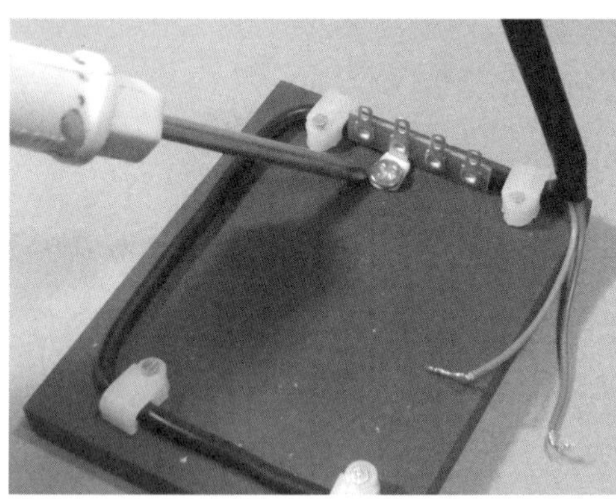

◀1L3Pのラグ板をネジ止め

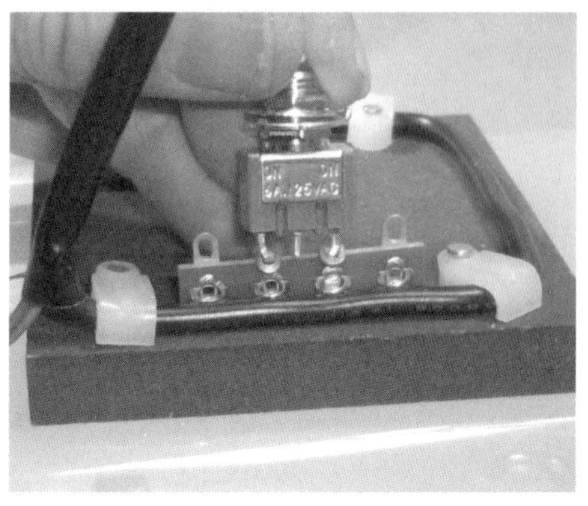

◀スイッチをラグ端子のこの位置にハンダ付け

◀電池ホルダは裏に両面テープを貼って固定。さらに中心をネジ止め

簡単電池工作（4）

3段階電圧切り替え型
電池式電源器

（単3乾電池×7使用）

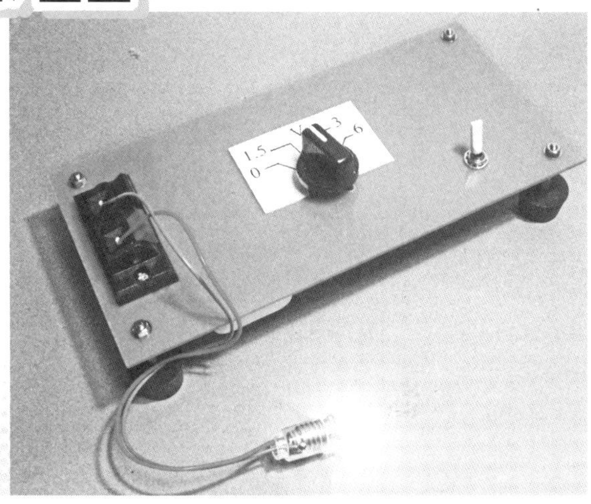

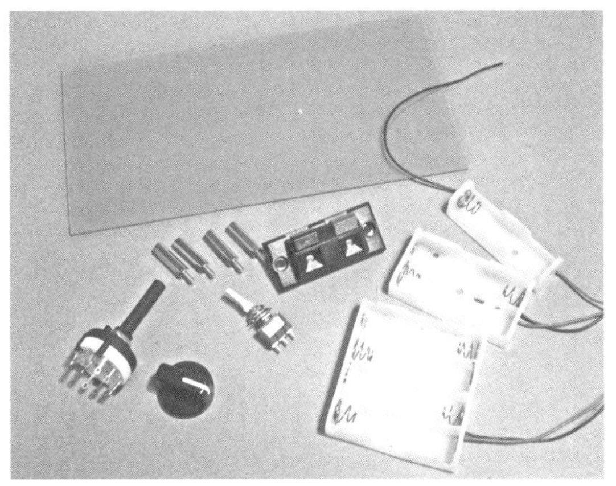

▲電池式電源器の部品

電池を使っていろんな工作をするとき、簡単に目的の電圧を得ることができる電圧切り替え式電源です。電圧は1.5V、3V、6Vの3段階で、各電圧を担当する単3電池ホルダの1本、2本、4本のリード線をスイッチで切り替えるだけなので配線も簡単です。

●部品＝一覧表のとおりですが10×5センチの板はアクリル、PET、ベーク等なんでもかまいません。電圧切り替えのロータリスイッチは秋葉原の秋月電子通商で販売している、

■電池式電源器に使った部品■

部品名	内容	個数	参考価格（単価）
電池ホルダ	単3×4本用	1	130円
電池ホルダ	単3×2本用	1	80円
電池ホルダ	単3×1本用	1	40円
電池	単3電池	7	
ロータリスイッチ	1回路4接点	1	150円
スイッチ	3Pトグルスイッチ	1	150円
ターミナル	ワンタッチターミナル	1	210円
金属スペーサ	M3用　20mm	4	60円
ゴム足		4	30円
アクリル等の板（10×5cm厚さ2mm）		1	
ネジ	M3	4組	
ワッシャ			
ナット			
（部品代　約1,300円）			

簡単電池工作（4）

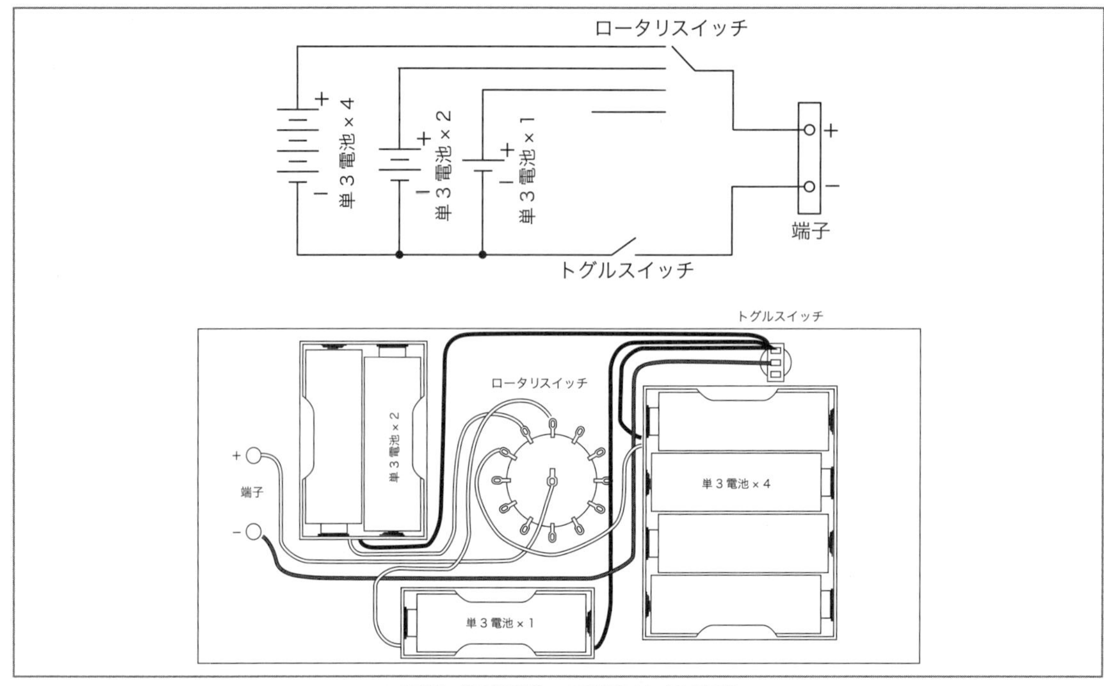

▲電池式電源器の回路図と結線図

▲指定寸法に従ってハンドドリルで穴開け

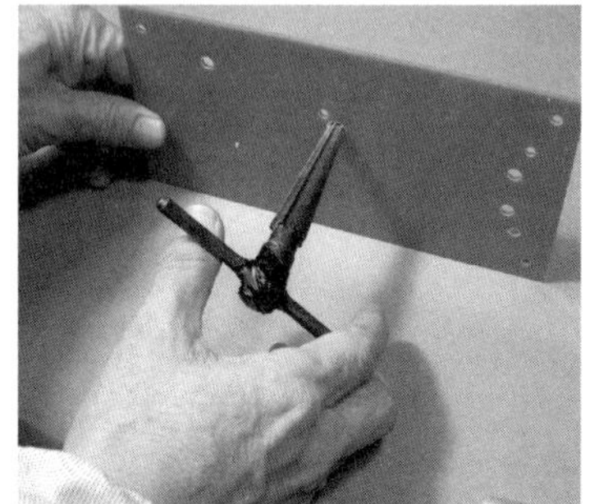

▲穴はリーマで目的寸法まで拡大する

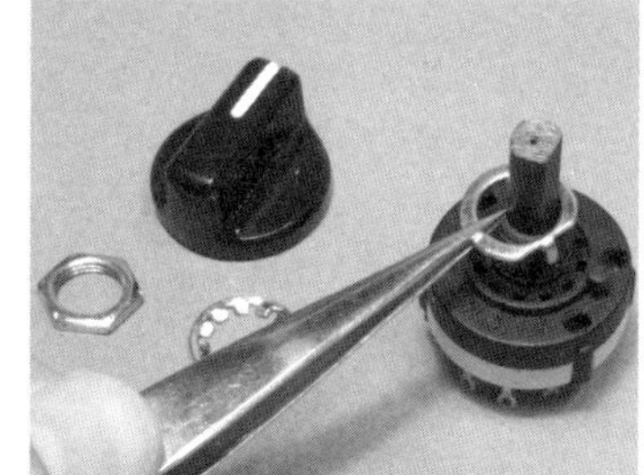

▲　ロータリスイッチは、この金具のツメの位置調整で４接点に合わせる

つまみ付きの12接点型で、軸の金具で2接点から12接点の間で設定ができます。ここでは、４接点に設定します。

●組み立て＝板の寸法を図に示します。指定位置に4mmぐらいのドリル刃で穴を開けたあとリーマで目的の丸穴寸法まで広げます。

電池ホルダは両面テープで板に

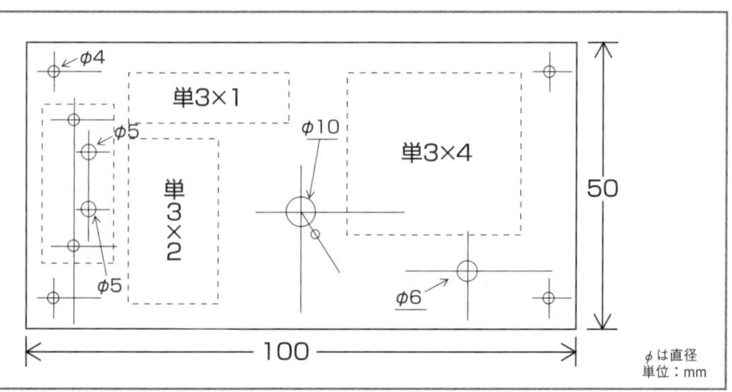

▲板の穴開け寸法図

電池式電源器

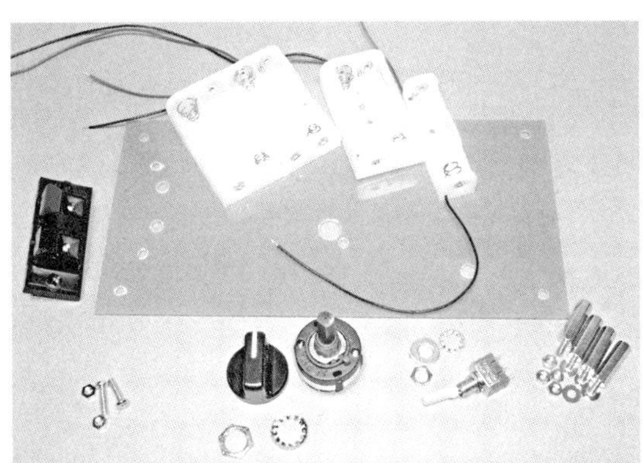
▲板加工を終えたら部品を取り付ける

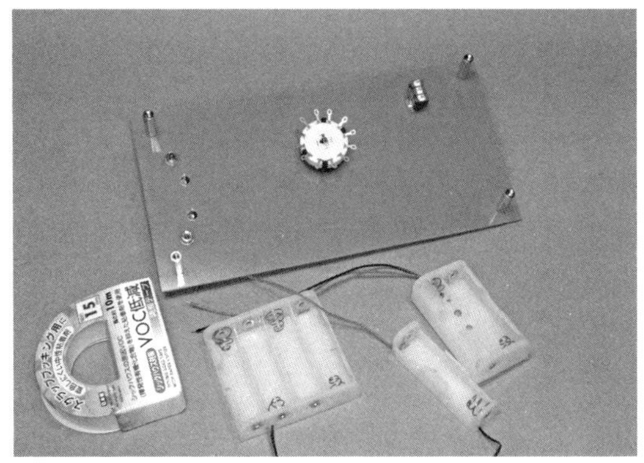
▲三つの電池ホルダは両面テープで固定

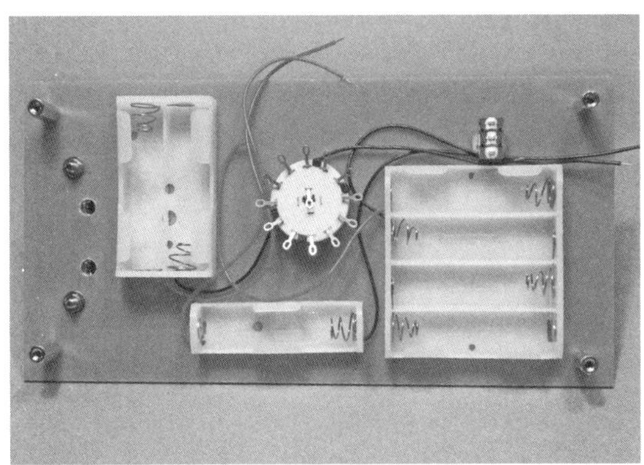
▲電池ホルダのリード線を使って配線していく

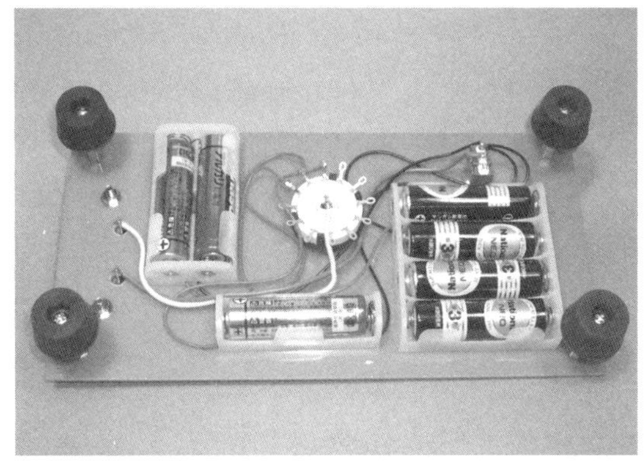
▲電池ホルダとスイッチ、端子間の配線終了

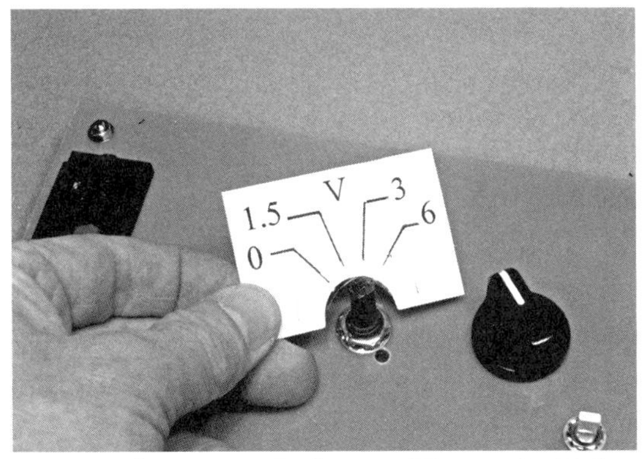

▲厚紙で作った電圧目盛りを両面テープで固定

▲三つの電池ホルダをスイッチで切り替えています

貼り付けます。配線は電池ホルダから出ているリード線をそのままの長さでスイッチ端子にハンダ付けするだけです。他に必要なのは電源端子につなぐ2本のリード線だけです。

●電圧表示目盛り＝中央のロータリスイッチに電圧目盛りを書いた紙を貼りつけます。

●使うとき＝トグルスイッチはON/OFF、ロータリスイッチは電圧を切り替えますが、注意点は不注意にロータリスイッチを回して、機器に規定以上の電圧をかけないことです。

簡単電池工作（5）

レンズ／反射器付き LED強力携帯ライト

（単3電池×2使用）

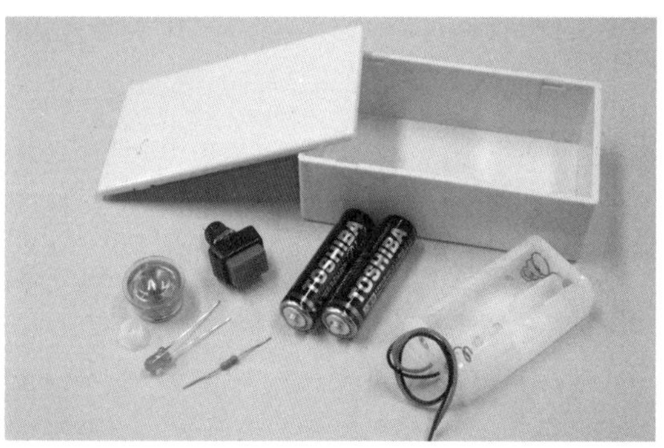

▲使用する部品。LEDは、レンズ付反射器とセットで使います

懐中電灯の光源として消費電流も少なく照度も十分なLEDが使用されるものが多くなってきました。簡単電池工作の最後の2本はLEDを使います。

まずLED部分に反射器とレンズを組み合わせた携帯ライトです。しっかりしたABS樹脂のケースに組み込んだので、水中はだめですが、雨の日でも屋外で使うことができるスグレモノです。

■LED強力携帯ライトに使った部品■

部品名	内容	個数	参考価格（単価）
電池	単3電池	2	
電池ホルダ	単3×2本用	1	80円
5φLEDレンズセット		1	50円
スイッチ	オルタネート式押しボタンスイッチ	1	320円
ABS樹脂ケース	タカチ　SW-125	1	270円
抵抗器	47Ω（黄紫黒金）	1	5円
LED	直径5mmの高輝度のもの	1	70円
（予算　約1,000円）			
※LEDレンズセット　アイテク（大須アメ横）			

LED強力携帯ライト

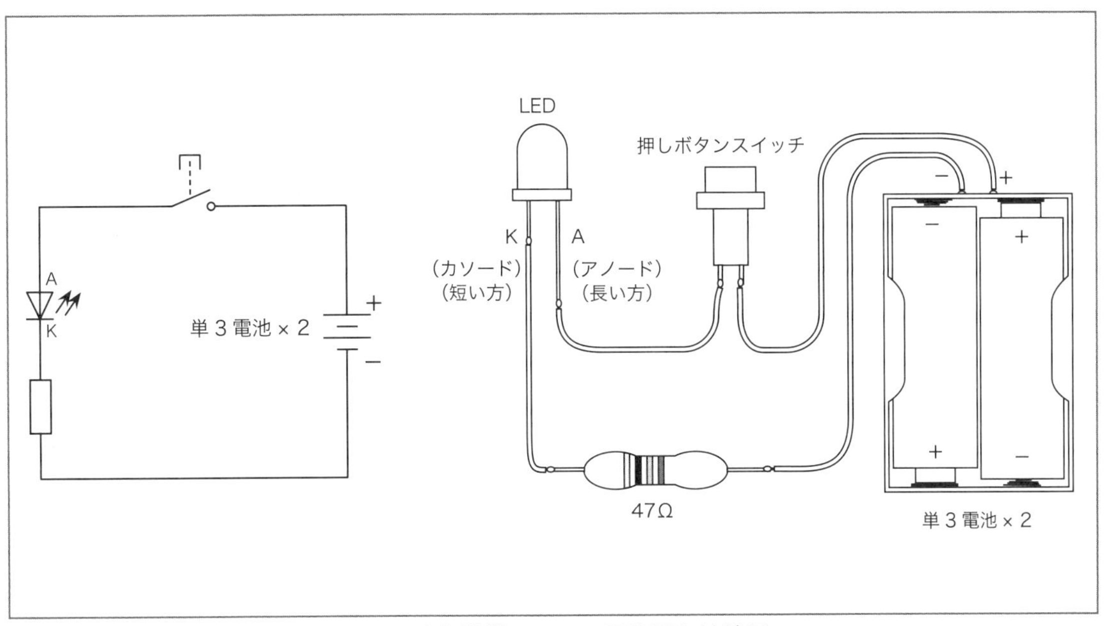

▲LED強力携帯ライトの回路図と結線図

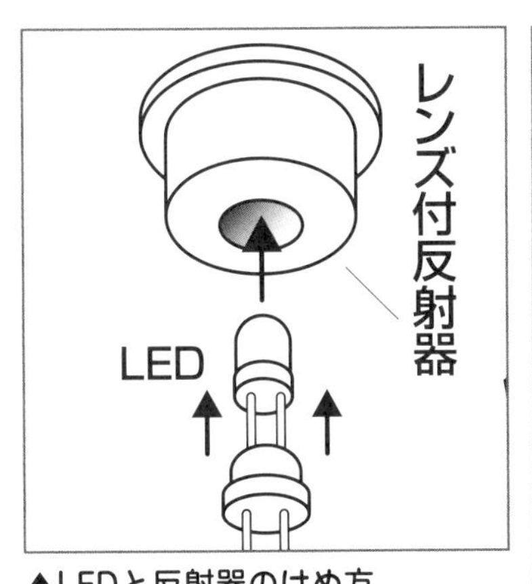

▲LEDと反射器のはめ方

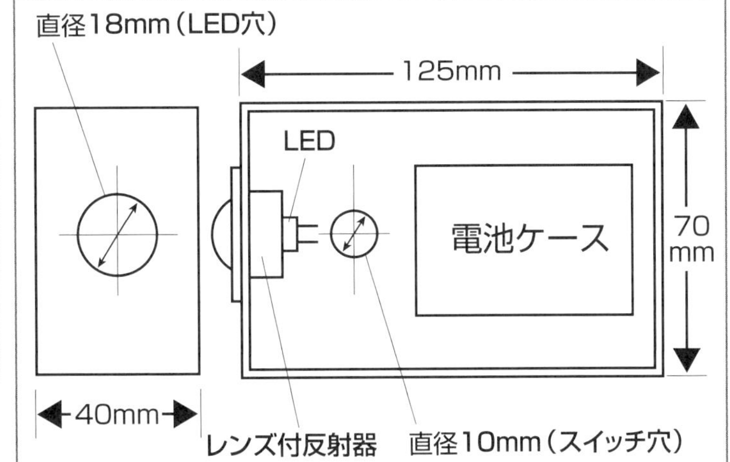

LED携帯ライトのケース寸法図 ▶

●ケース加工＝この製作のポイントはケースの穴開け工作です。大きさは125×70×40ミリのABSケース（タカチのSW-125）です。箱部分に穴開け加工、部品取り付け、配線をすれば完成で、ふた部分はワンタッチではめ込むことができます。

●LED部＝レンズ付反射器の取り付け直径は約18ミリです。そのためケースにはその寸法の丸穴を開ける必要があります。

●加工作業＝ケース加工の工程は写真で見るとおりです。正確な丸穴を開けるために丸定規などを活用します。直径18ミリの丸穴は穴の線に沿って3ミリ程度の連続穴をドリルで開けていき、それをくり抜いたあとのギザギザを半丸ヤスリで削りとります。工作で大きな穴を開けるときの一般的な方法です。

簡単電池工作（5）

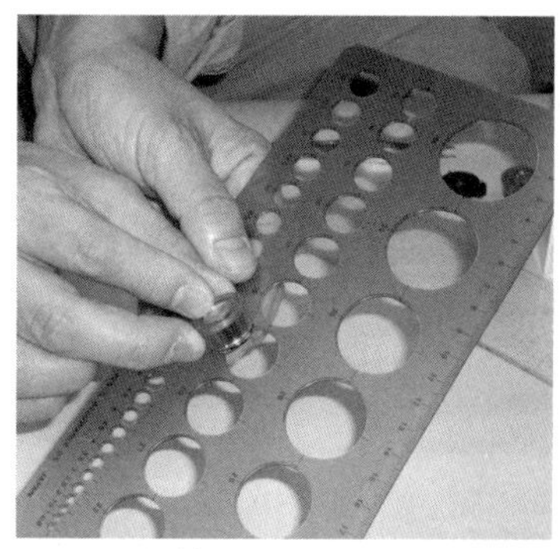

▲ケース前面に付けるLEDレンズの寸法を定規で測る

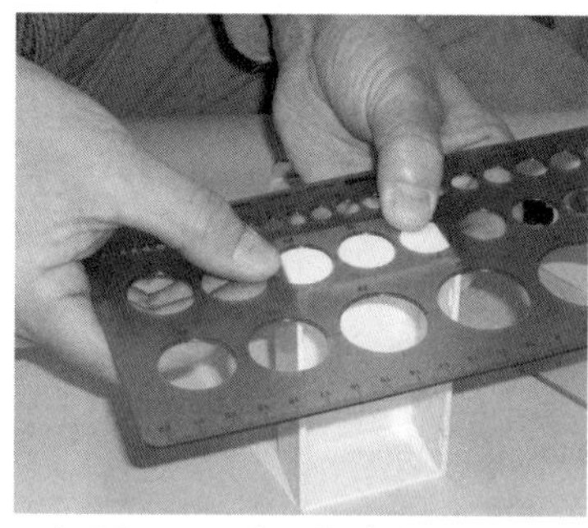

▲LEDレンズは約直径18ミリ。ケース前面の中央に穴開けの印を付ける

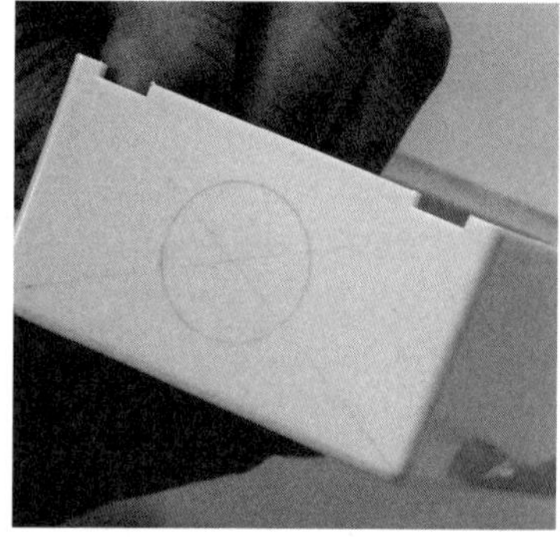

▲丸定規と鉛筆を使って穴開け部分にそった線を記入

▲丸の線の少し内側に沿って連続に3ミリ程度の穴を開けていく

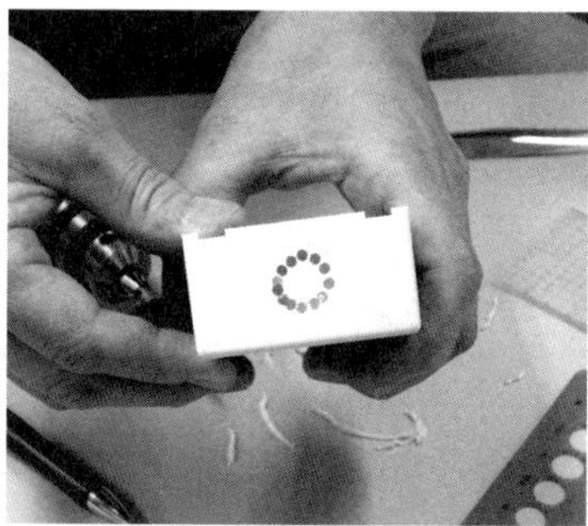

▲3ミリの連続の小穴が開いたところ。ABS樹脂なので簡単に開けられる

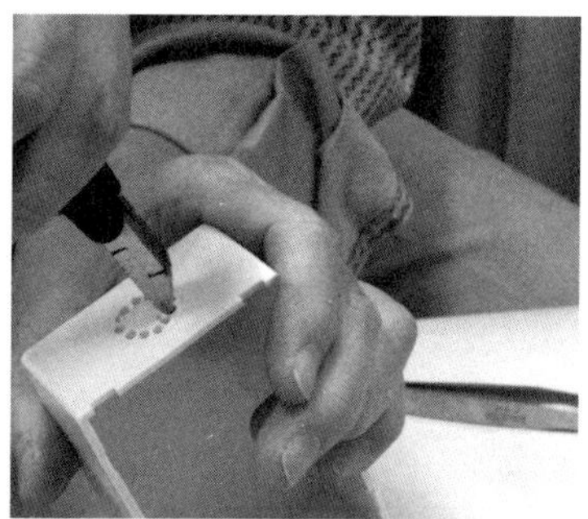

▲開けた連続の穴の間ををニッパで切り取って、くり抜く

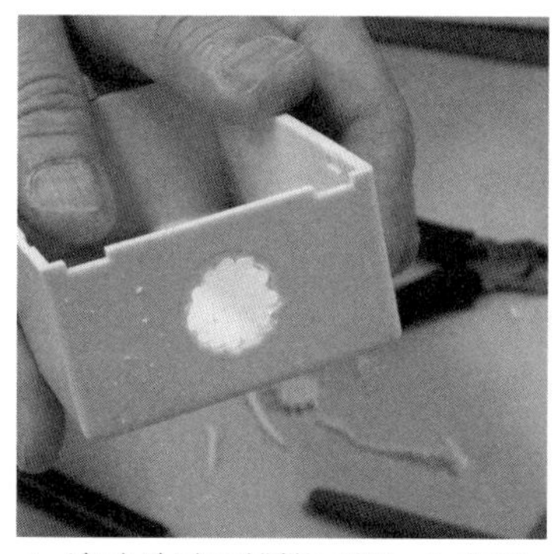

▲ギザギザの状態で開いた丸穴。LEDレンズの径よりまだ小さい

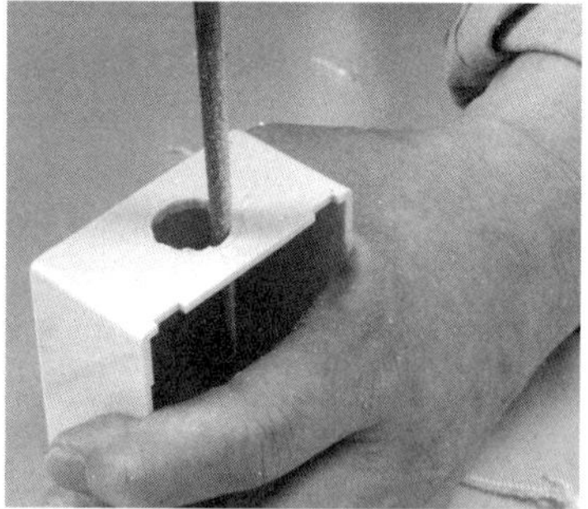

▲ギザギザを半丸ヤスリで静かに削り取って、規定の寸法（直径18ミリ）まで広げる

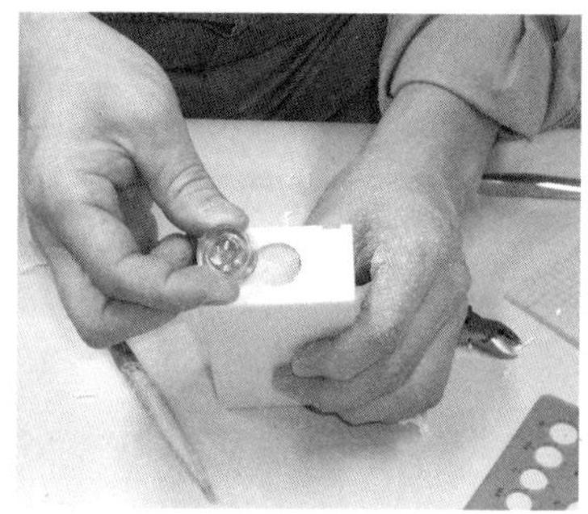

▲ときどきLEDレンズの現物で寸法を確かめながら削っていき、きれいな円になった

スイッチ取り付け穴は直径1センチです。

3ミリのドリルで穴を開け、リーマで拡大します。軸には回転防止のための突起があります。その部分はケースの丸穴のふちをヤスリでけずります。ナット締めの時にもスイッチが回転してしまうことがなくなります。LEDレンズは根元に合成樹脂用ボンドをほんのわずか塗ってケース前面から差し込みます。電池ケースは両面テープでケースの底に貼りつけます。

LED強力携帯ライト

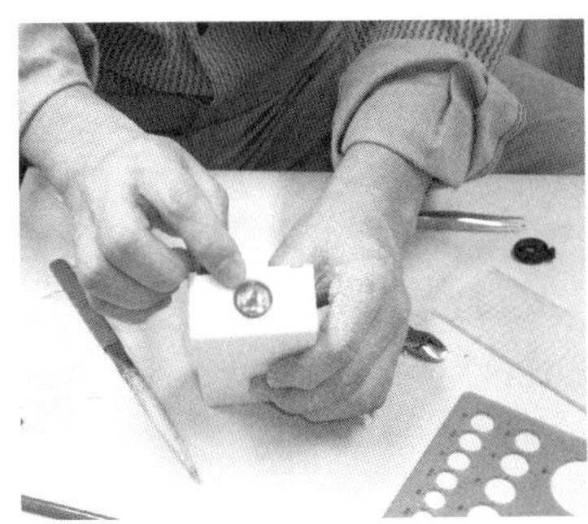

▲規定の寸法まで広がった穴にLEDレンズがすっぽりとはまった

▲次に上面部に、押しボタンスイッチ取り付け穴の位置の印を付ける

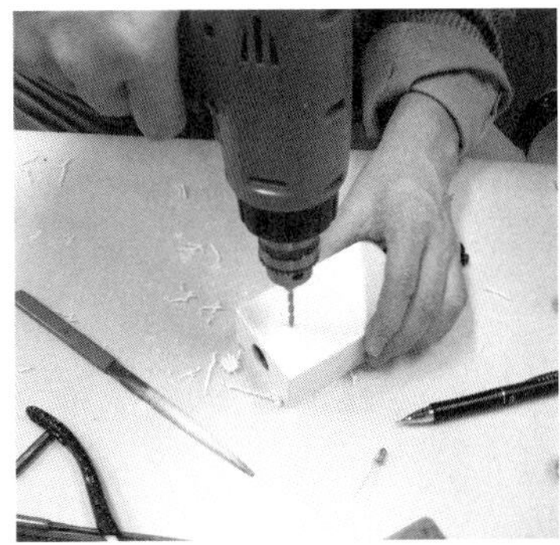

▲位置を確認したら、3ミリのドリルで穴を開ける

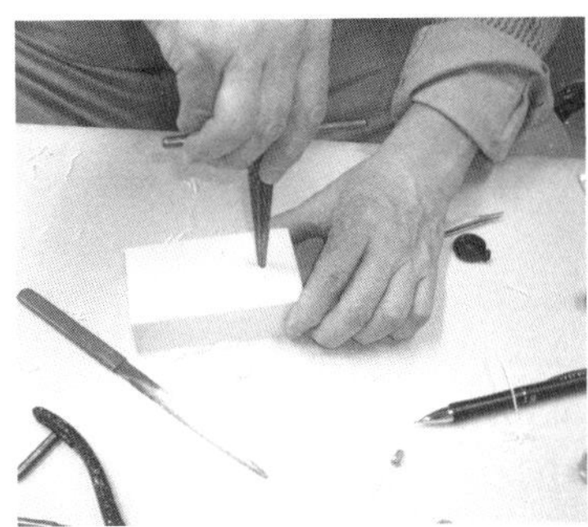

▲その穴をリーマを使ってスイッチの取り付け軸の寸法10ミリまで広げる

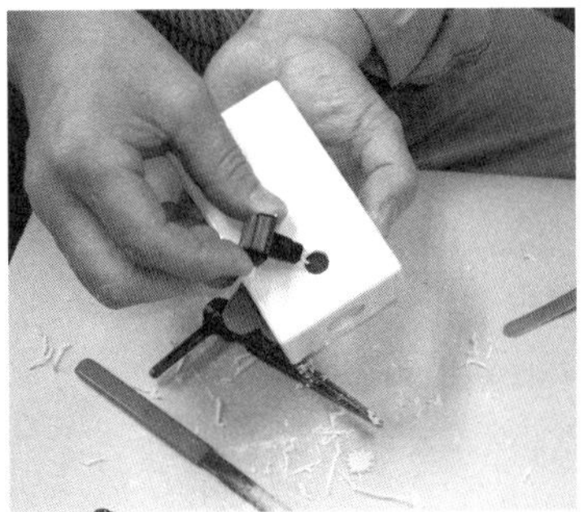

▲これも現物を時々あてがいながらちょうど良い寸法になるように確認しながら進める

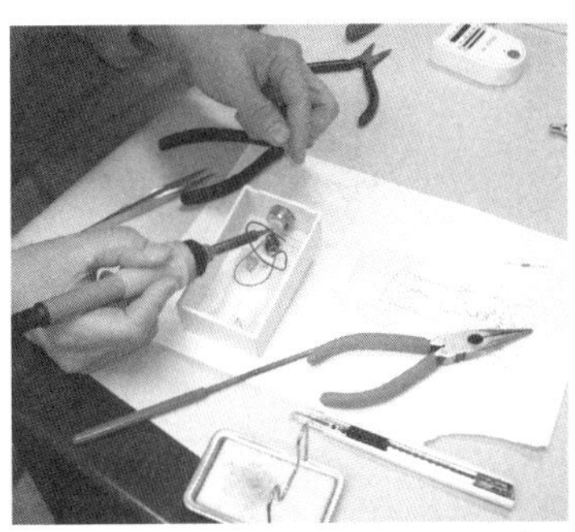

▲穴開けと部品の取り付けが終わったら部品間をハンダ付けする

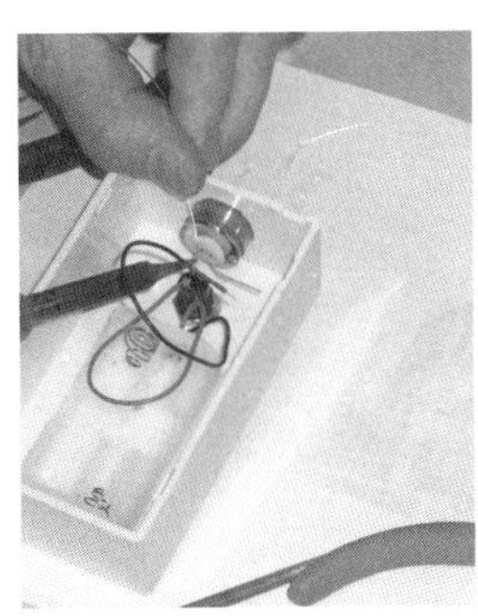

▲LEDのリードは長い方（アノード）が＋側になるように

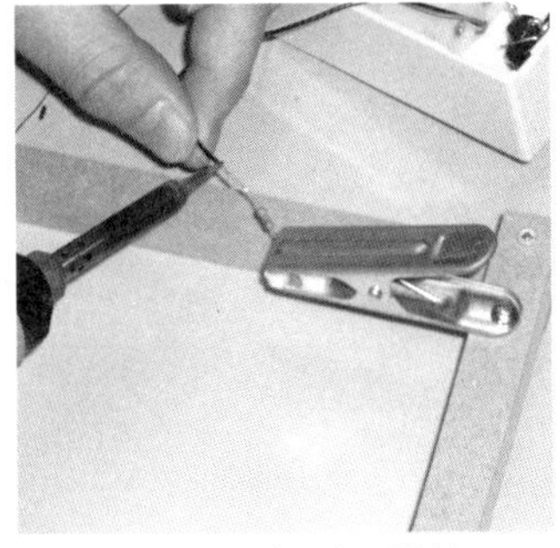

▲抵抗器を1本だけ配線。リード線を何かで固定してハンダ付けするとやりやすい

ハンダ付けは4カ所だけ。電池ケース（単3×2本用）は両面テープでケースに固定▶

●**配線は簡単**＝わずか4カ所をハンダ付けするだけで簡単ですが、LEDのプラス側、マイナス側を間違わないように。リード線の長い方（アノード）がプラスにつながります。

●**スイッチオンで点灯**＝使用した押しボタンスイッチは、一旦押すとONのままで点灯を続け、もう一度押すとOFFになるオルタネート型です。電池は単3型の充電式二次電池も使うことができます。

簡単電池工作（6）

さわると7色の光が踊りだす LED立体装飾フレーム・アート

（リチウムコイン電池×1使用）

▲LED立体アートのLED回りの部材。

これは電池とLEDの織りなす「光の立体アート」です。周りにビーズを配した蝶のオブジェクト。その中心には一つぶのLEDが埋め込まれています。7色に変化するLEDの光はビーズにとけ込みあるいは反射し、ファンタジックな世界を創り出します。添えられた3輪の花もアクセントになっています。ところでこの作品、よく見ると縦にしても横にしても絵になっていると思いませんか？

そのわけはこういうことです。

■LED立体装飾フレーム・アートに使った部品■

部品名	内容	個数	参考価格（単価）
電池	コイン型リチウム電池（CR2032）	1	
電池ホルダ	コイン型電池用ホルダ（CR2032用）	1	50円
スイッチ	超小型傾斜スイッチ（AT407）※	1	100円
抵抗器	47Ω（黄紫黒金）	1	5円
穴あき基板	3～4cm角程度	1	100円
LED	フルカラー自動点灯式	1	200円
額縁	14cm×20cm位の小型のもの	1	
その他	アクセサリ部材	適宜	
（予算　約1,000円）			
※秋月電子通商にて購入			

LED立体装飾フレーム・アート

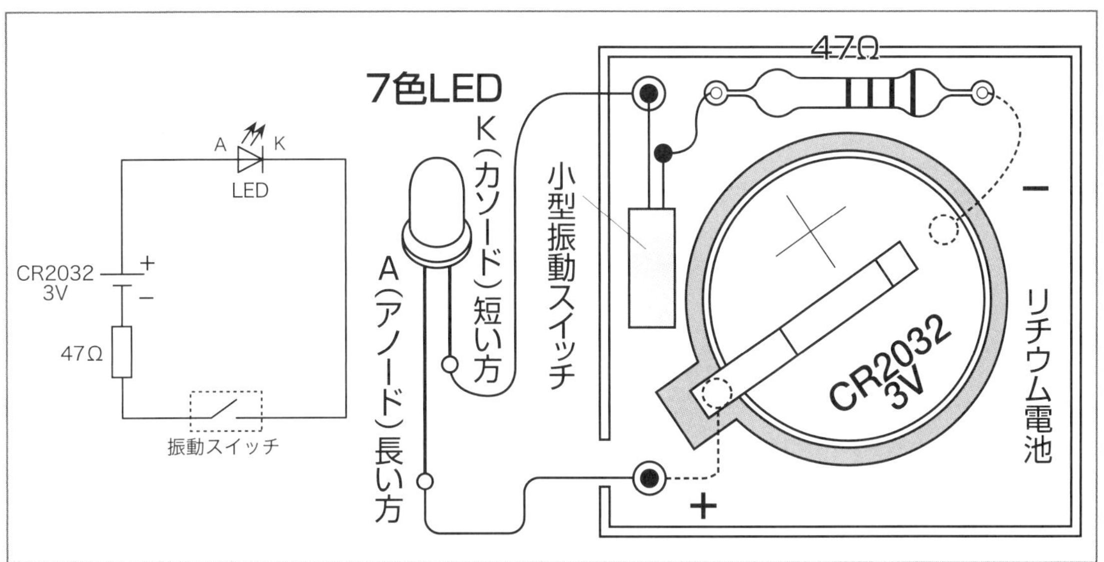

▲LED立体装飾フレーム・アートの回路図と結線図

▲リチウム電池CR2032。専用のホルダも使用する

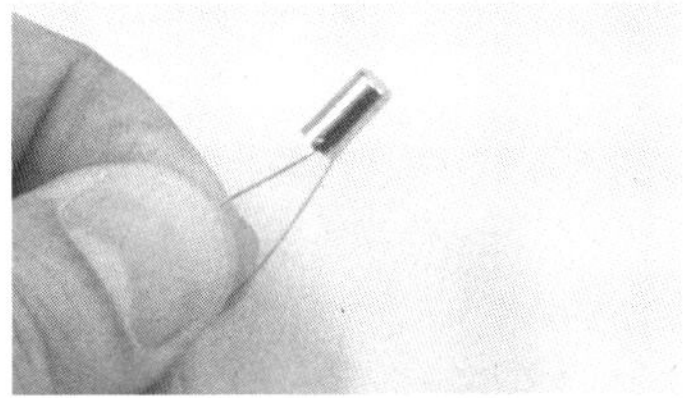

▲使用した超小型振動スイッチ。傾斜が＋30度でONになる

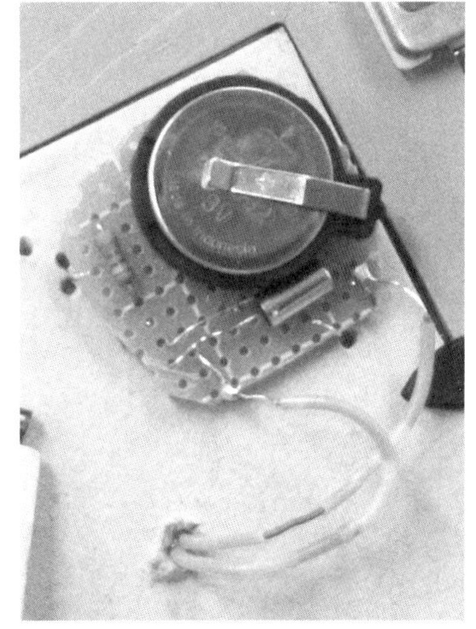

▲額裏片隅に細糸で固定した基板

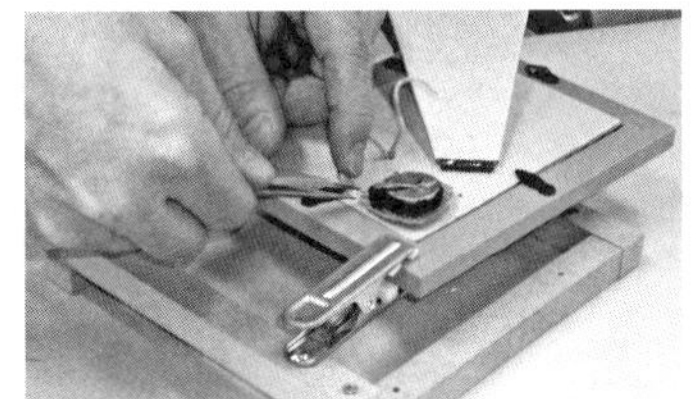

▲額の裏側に小さい基板を付ける

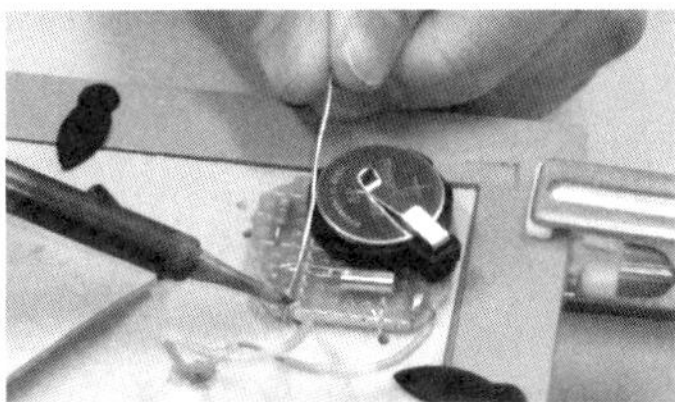

▲額表面からのLEDリード線を配線

●**スイッチがない？**＝ON/OFF用の手動スイッチは付いていません。その代わり額縁を縦、横に回転させることでON/OFFするように、振動（傾斜）スイッチを使っています。

直径4ミリの2本のリード線が付いたこの小さいスイッチはリード線から見た角度が＋30度以上でON、－30度以下でOFFになります。

●**配線**＝小さい穴あき基板に電池と振動スイッチを取り付けます。LEDは額の裏から穴をあけてリード線を引き出し、この基板にハンダ付けします。額を動かしてみて、振動（傾斜）スイッチがちょうど良く動作する角度に基板を固定して糸や両面テープで額の裏に固定して出来上がりです。額の中のアート作品は各自の創作の場です。ファンタジックな世界を楽しんでください。

データシート 工具の種類とその使い方

ハンダゴテ

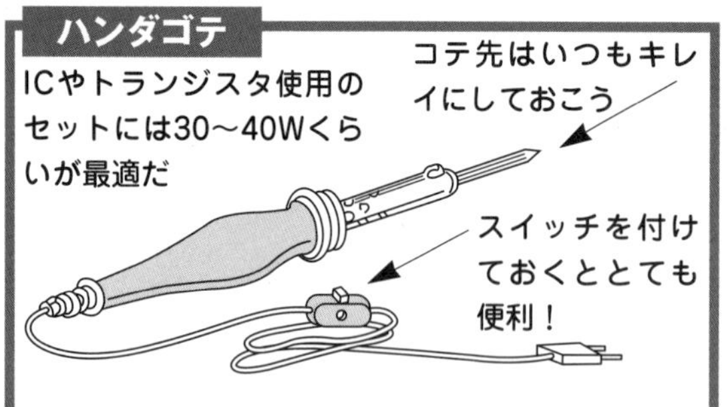

ラジオ・ペンチ

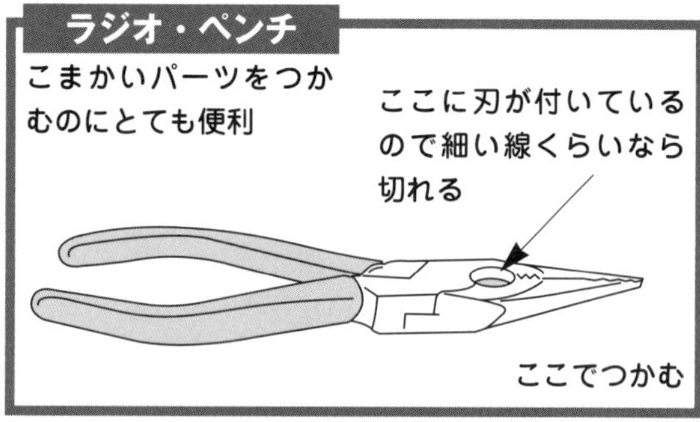

ニッパ

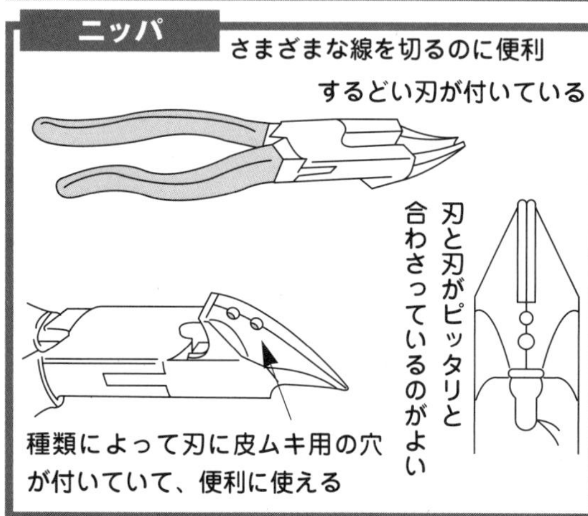

ワイヤ・ストリッパ

刃にさまざまな穴が付いていて、いろいろな太さの線の皮ムキができる

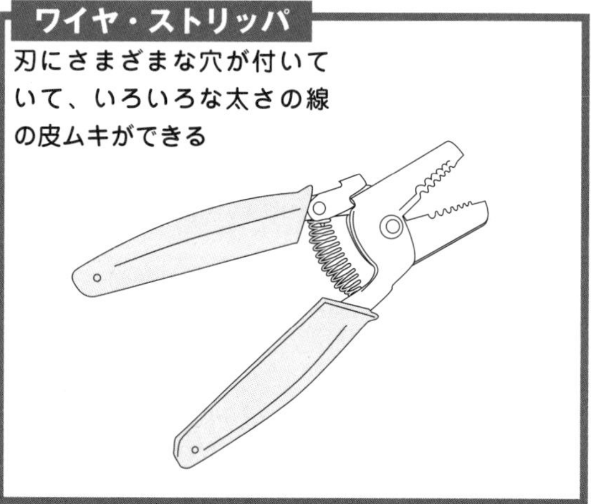

ドライバ

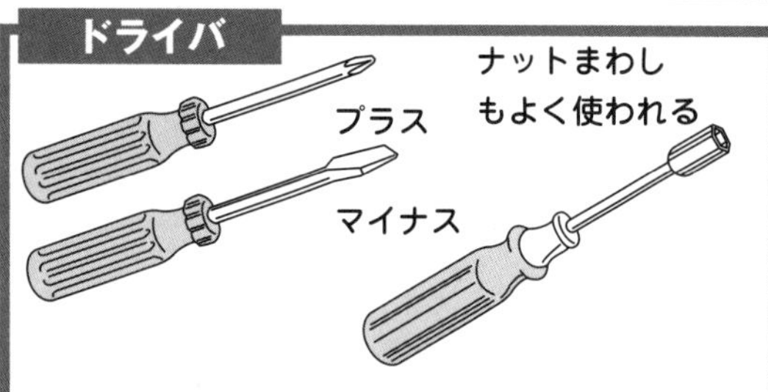

さまざまな種類のドライバがあるが、なるべく多くの種類をあつめよう。最低でも、プラス、マイナス・ドライバの大・小型のものは必要だ！また、ネジにピッタリと合ったドライバを使うようにしよう

ボックス・レンチ

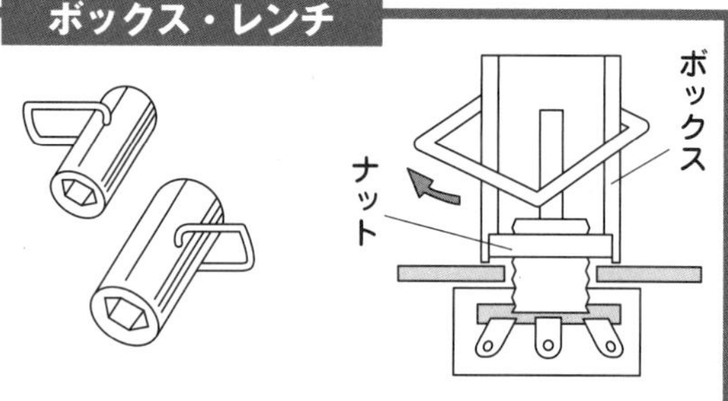

バリオームやスイッチなどのナットをしめるのに使う。さまざまな直径のナットに合うように数本セットで売っている。ラジオ・ペンチでも代用できるが、使いやすさはボックスのほうが上だ！

リーマ

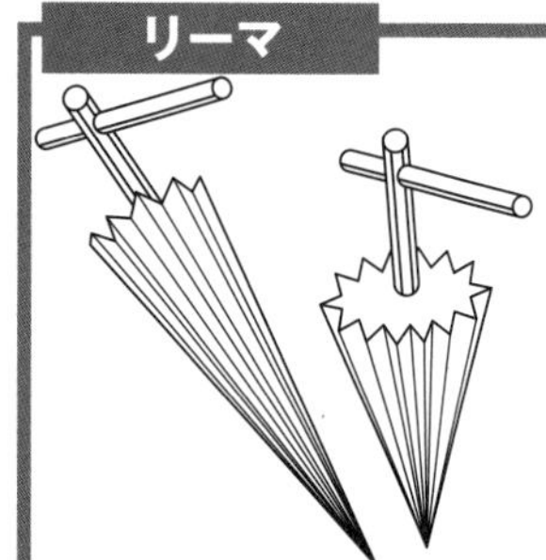

穴をひろげるのが役目だ
リーマの大きさは、いろいろあるが、ひろげる穴のサイズにくらべ、小さなリーマを使うと穴がガタガタになってしまうので注意！

ヤスリ

材料をけずるのが役目。セットの仕上がりをきめるのがヤスリの使いかただ！丸ヤスリと角ヤスリはぜひともほしい。また、木工用や金属用などの種類があるので購入時には注意！

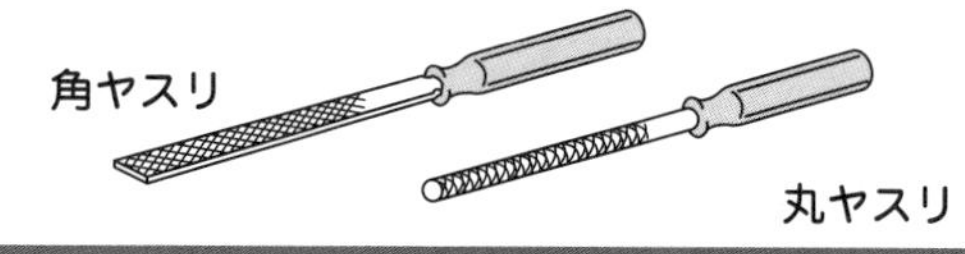

第7章

エコパワー活用電子工作集

ここでは前章より一歩上の、何らかの形で電子回路を含む初級～中級～上級の電子工作をとりあげました。どれも本書でこれまで見てきた小型一次電池・二次電池、太陽電池、風力発電、電気二重層コンデンサなど、各種電池を応用した作品です。

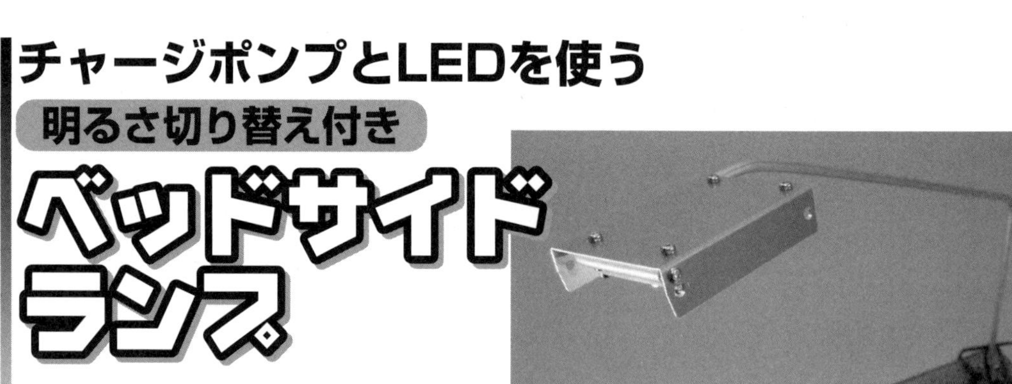

チャージポンプとLEDを使う
明るさ切り替え付き
ベッドサイドランプ
（単3アルカリ乾電池×3使用）

丹治 佐一

就寝前の一時をゆっくりと過ごすのはいいですね。ベッドに入り、楽しみにしている本を読む。TVやビデオを見る。眠たくなるまでの時間をヌクヌクと過ごす。こんな生活をしているあなたにお勧めなのが「ベッドサイドランプ」です。白色に発光する「白色LED（発光ダイオード）」を5灯も使って通常のランプのように明るく発光します。必要に応じて明るさを強/弱切り替えられます。本体には文庫本や小物類を収納できるスペースに利用できます。

チャージポンプ回路と白色LED

白色LEDを点灯させるには、電池と抵抗を組み合わせて、LEDに流れる電流を調整しなければなりません。このとき利用中に電池が減って電池の電圧が変化してしまうと、LEDの明るさが変化してしまいます。そこで、電圧が変動しないようにレギュレータICを使った定電圧回路が一般的ですが、この回路の効率が良くないと電池が無駄になってしまいます。

そこで電池で効率よく安定させて発光させる回路として「チャージポンプ」というユニットを使ってみました。低い電圧でも安定した出力を得ることができる、いわゆるDC-DCコンバータです。

インダクタ（コイル）を使わずに、コンデンサとスイッチを組み合わせたスイッチトキャパシタ回路によって、入力電圧より2倍、3倍といった出力が得られるものです。

使用したものは「LTC3202」というチャージポンプICを使ったユニットです。入力電圧は2.7V～4.5Vまで、最大125mAまで安定して出力できます。強弱の出力切り替えも可能です。

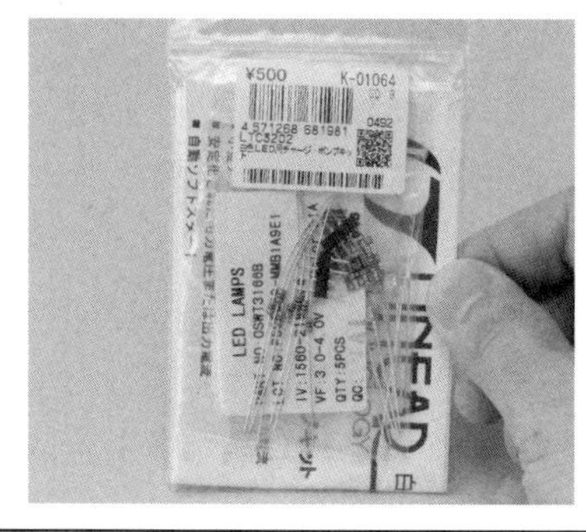

《写真1》白色LED用高能率チャージ・ポンプキット。白色LEDを電池で点灯させるのに便利

《写真2》指先ほどの小さな基板にICが取り付けられている。2.7～4.5Vの入力電圧で最大125mAの電流を供給することができる

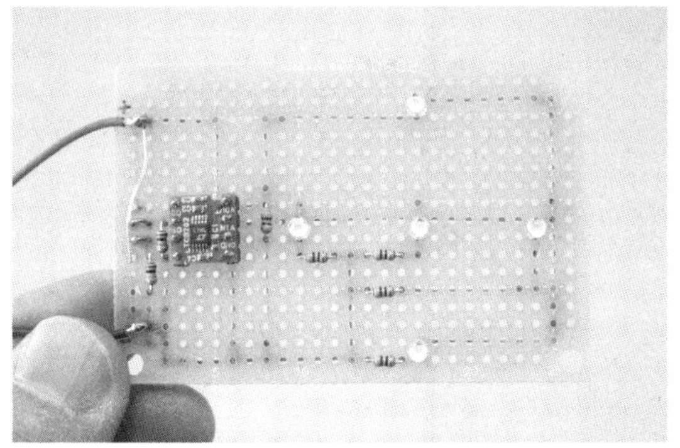

《写真3》ベッドサイドランプ基板の様子。部品側から。左側にLTC3202基板が付いている

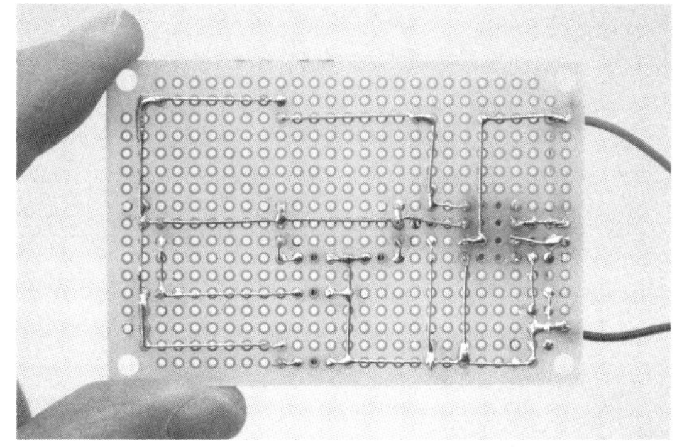

《写真4》基板裏側、銅箔面側からの様子。メッキ線を使って回路を作っていく

ベッドサイドランプ基板の製作

ポイントとなるパーツは、リニアテクノロジー社「LTC3202」チャージポンプICです。これは秋月電子通商で「LTC3202白色LED用チャージポンプキット」として入手できます(販売価格500円)。

白色LED5個と必要な抵抗、そしてLTC3202に必要なコンデンサ類が小さな基板に取り付けられた基板モジュールが入っています。チャージポンプ部分は完成されていますから、それぞれの端子に電池とLED類を接続するだけで点灯できます。

点灯の明るさも、そのユニットのD0/D1端子の電圧設定で簡単に設定できます。

今回はLEDをベッドサイドランプとして利用するために白色LED5個を四角く配置し、ランプスタンドとして利用できるように作ってみました。

この他に必要なものとしてスタンド用のアーム部分のアルミパイプ、台座となる100円ショップで購入したプラスチックボックス、そしてスイッチや電池ボックスなどです。なお、電池のみではなく3.3VのスイッチングACアダプタを利用してAC電源でも点灯できるようにしています。

さて製作に入りましょう。部品表に従って部品が購入できたら、最初に「チャージポンプキット」に入っているLTC3202基板モジュールに付属のピンヘッダ端子をハンダ付けしてしまいます。あとは、基板図を参考に穴あき基板に部品を差し込みハンダ付けしていきます。ポイン

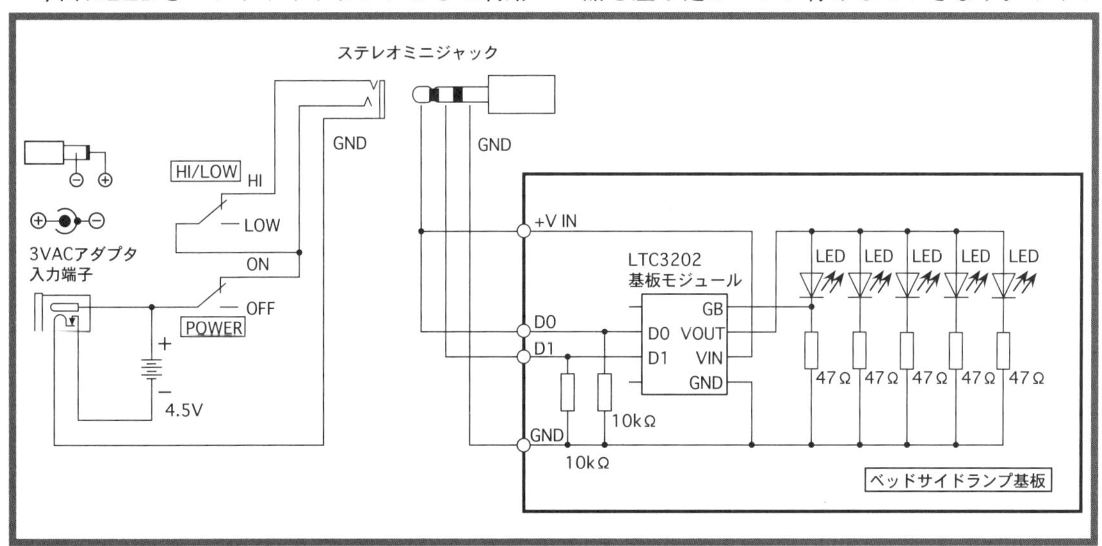

《第1図》ベッドサイドランプの回路図

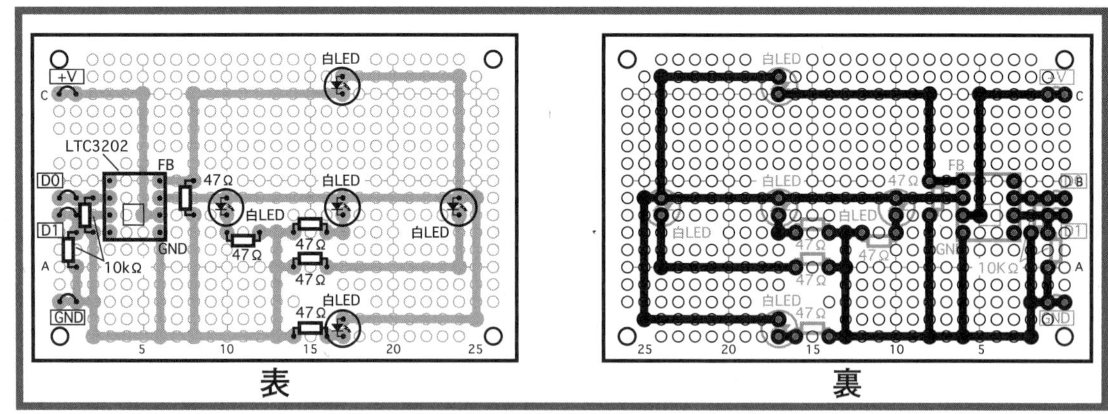

《第2図》基板の部品取り付け図。左が表面、右が裏面

トは部品の足やスズメッキ線をうまく折り曲げて回路を作ることです。

部品の足部分やメッキ線との交点、角の部分にハンダ付けしていきます。注意としてLEDには極性がありますから取り付け向きに注意します。足の長い側がアノード(A)側でプラス側になります。

LEDが光らないときは、向きが間違っている可能性があります。

基板が完成したら点灯テストをしましょう。+V端子とGND部分に3V～4.5V（電池2～3本直列）を接続して、D0とD1端子のどちらか、または両方を+Vに接続させるとLEDが点灯するはずです。

D0、D1と+Vとの接続内容によって明るさが変えられます（消灯/低/中/高)。

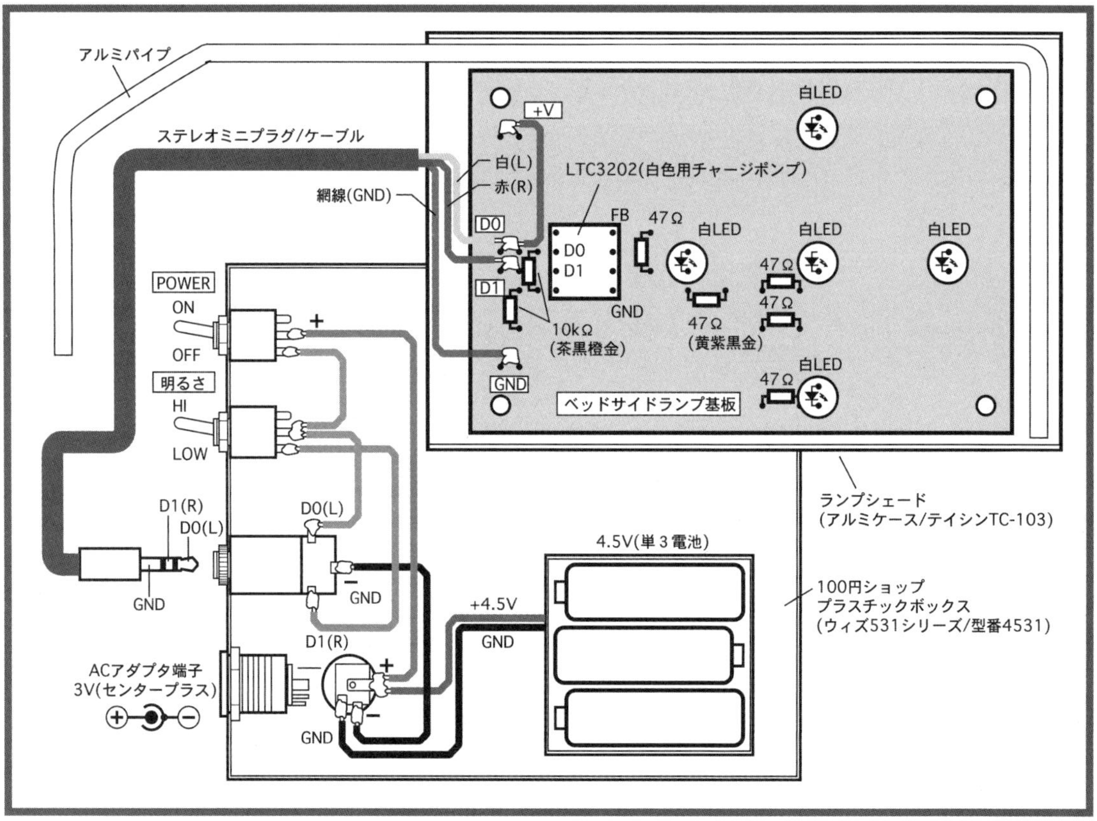

《第3図》ベッドサイドランプの結線図

アームの加工と組み立て

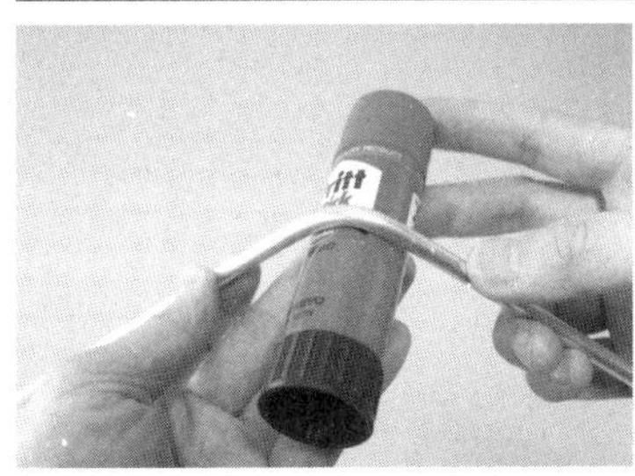

《写真5》アルミパイプは薬瓶やスティック糊のケースに押し当てながら少しずつ曲げる

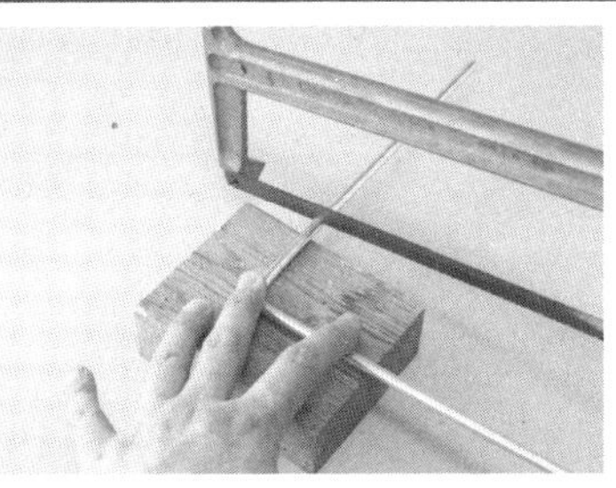

《写真6》ポイントはランプの笠として利用するケースをこのアームで支えること

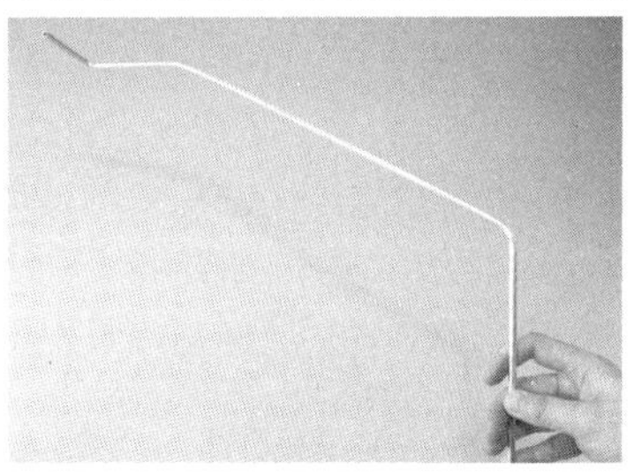

《写真7》加工が終わったアルミパイプ。左端上部がランプの笠が乗る部分

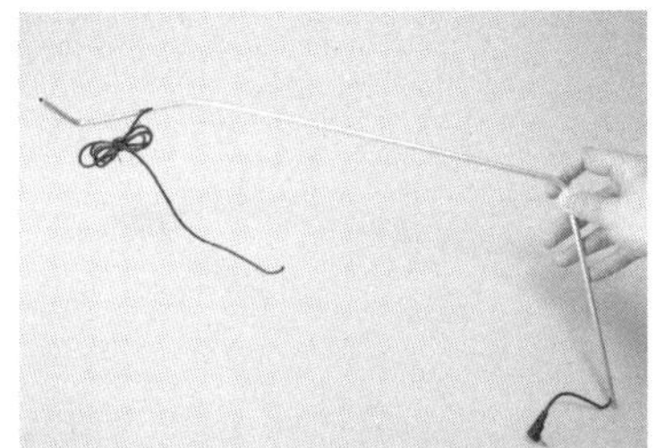

《写真8》パイプの中にステレオピンプラグケーブルを通す

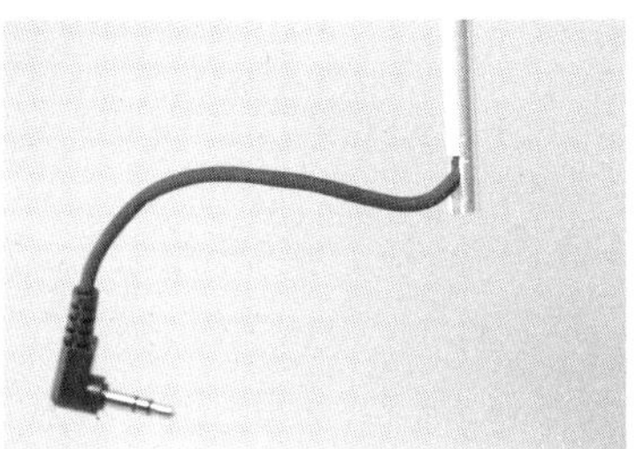

《写真9》根本部分。切れ込みを入れておく

《写真10》上部のアルミを削った部分からケーブルを引き出す

アームを加工しよう

基板が完成したら、最初にランプ基板を支えるアームを加工します。

アルミパイプをうまく曲げてアームを作っていきます。強く曲げすぎると折れてしまいますから徐々に曲げていくのがコツです。きれいな曲線を持ったアームを作るために、円柱の形をしたもの、大きめのスティック糊ケースなどが活用できます。

アームができたら、パイプ中にステレオピンプラグ付きのケーブルを通します。方法は、あらかじめ糸をパイプに通して、その糸をケーブルに結び、引き出します。

《第1表》ベッドサイドランプの部品表

部品名	内　容	個数	参考価格（部品一個の単価）
LTC3202白色LEDチャージポンプキット	LTC3202ユニット基板、白色LED5個、抵抗47Ω5個を含む	1	500円
ユニバーサル基板（穴あき基板）	片面ガラス基板、Cタイプ（72x48mm）	1	60円
スイッチ	トグルスイッチ3P（ON-ON）または2P（ON-OFF）	2	158円x2=316円
ステレオミニプラグ付きケーブル	φ3.5ステレオミニプラグケーブル（L型片端）1.5m	1	210円
ステレオミニジャック	φ3.5ステレオミニジャック（オープンBOX型）	1	63円
内径2.1mmDCジャック	ACアダプタ端子/パネル用/内径2.1mm	1	53円
電池ボックス	単3電池x3本（4.5V）リード線付き	1	137円
アルミパイプ	径6mmx1m	1	179円
アルミケース	テイシンTC-103（W63×H19×D85mm）	1	462円
抵抗	10kΩ（茶黒橙金）1/8W（1/4W）	2	
スズメッキ線	直径0.6mm程度	1巻	
プラスチックボックス	ウィズ531シリーズ/4531	1	105円
L型金具		2	
ネジ付きスペーサ	10mm	4	
3mmネジ/ナット		各4	
リード線		少し	
3.3V(3V)ACアダプタ	超小型スイッチングACアダプタ/500mA程度（2A）/M-01108	1	600円
単3電池		3	
	合計予算		3,000円前後

照明部分の製作

《写真11》笠となるケースを加工。基板の取り付け穴（3.2mmほど）をドリルで開ける

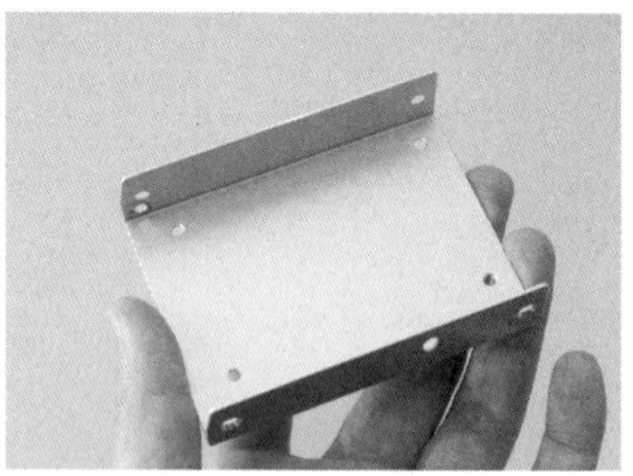
《写真12》穴を開けたケース。左端にアーム取り付け穴が開いている

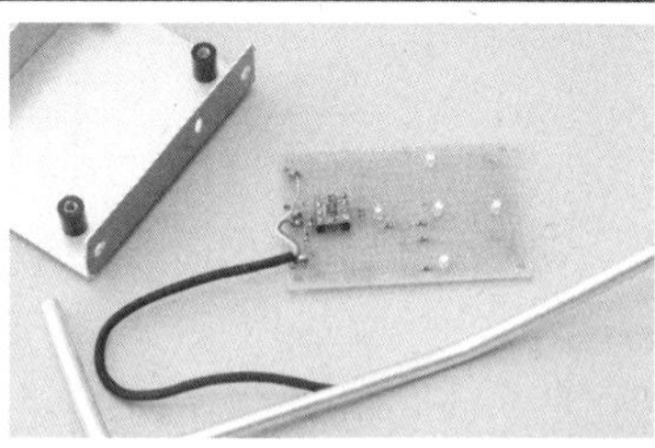
《写真13》パイプを通したケーブルと基板の端子とをハンダ付けする

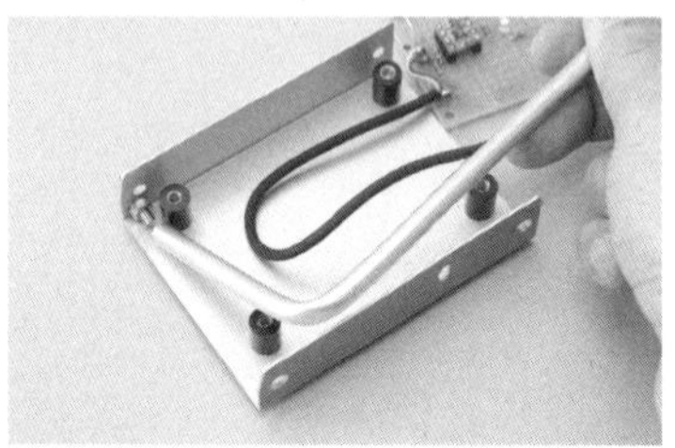
《写真14》アームをケースに取り付ける。ネジにアルミパイプの端を引っ掛けるようにして固定

《写真15》アルミパイプ固定用にL型アングルをラジオペンチで加工

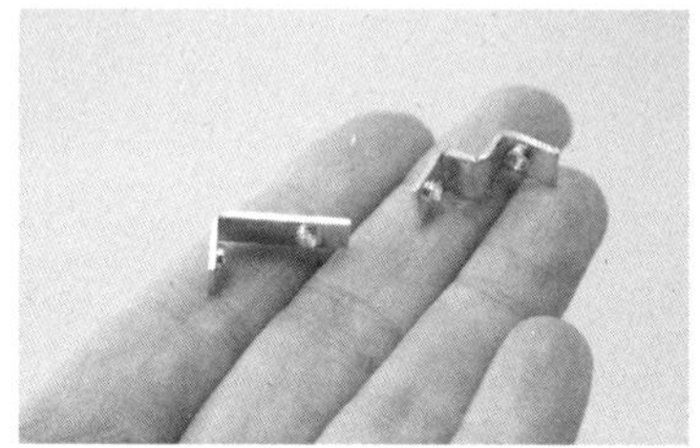
《写真16》加工前のL型アングル(左)と加工済みのL型アングル(右)。これを二つ作る

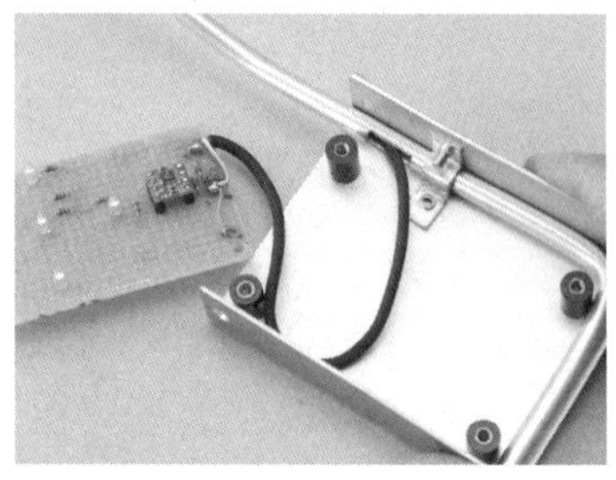
《写真17》ケースに加工したL型アングルを取り付けてパイプを固定

《写真18》ケースに基板を固定したところ。これで笠の部分は完成

《写真19》本体とランプアームが切り離せるため、持ち運びや収納も邪魔にならず便利

照明フード部分の加工

次にランプ基板を固定する照明フード部分の加工を行いましょう。先に加工しているアルミパイプの上にこのアルミケースの蓋(テイシン TC-103(W65×D85×H20mm))を照明フードとして取り付けることになります。

基板の取り付け位置は、そのアルミパイプを避けるように決めるのがポイントです。3mmネジを使って固定させるため、3.2mmほどのドリル刃を使って穴を開けます。ハンドドリルなどで基板の位置とケースの端にアームを固定させる穴を開けます（**写真11～14**）。

次にL型アングルを加工してアルミパイプをケースの端に固定させる金具を作ります。ラジオペンチなどでパイプを挟む部分を作り込みます（**写真15～16**）。これを2個作ります。

結線図（**第3図**）を参考にしてランプ基板とアームから引き出したケーブルにハンダ付けします。

ステレオミニプラグ付きのケーブルは外側の網線と赤と白の2芯ケーブルからなっています。網線は基板のGNDに接続し、赤はD1、白はD0に接続します。さらに+VとD0とを接続します。ケースにアームを取り付けたあと、基板を固定させれば照明フードは完成です。

ベース部分の加工

《写真20》100円ショップの物入れ用ケース。リーマで穴を加工する

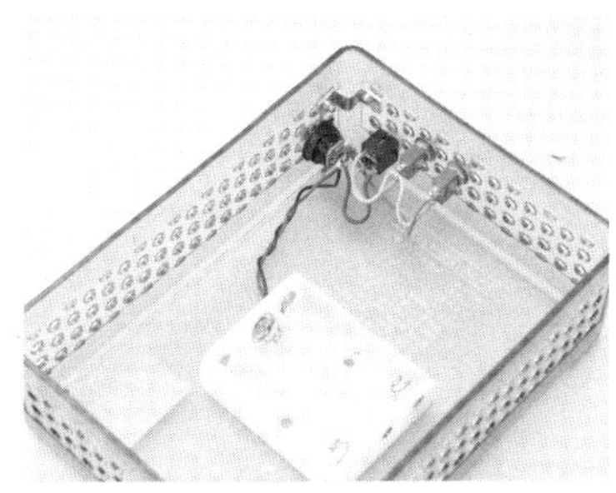
《写真21》スイッチやDCジャック、ステレオジャック部分に電池ボックスをハンダ付け

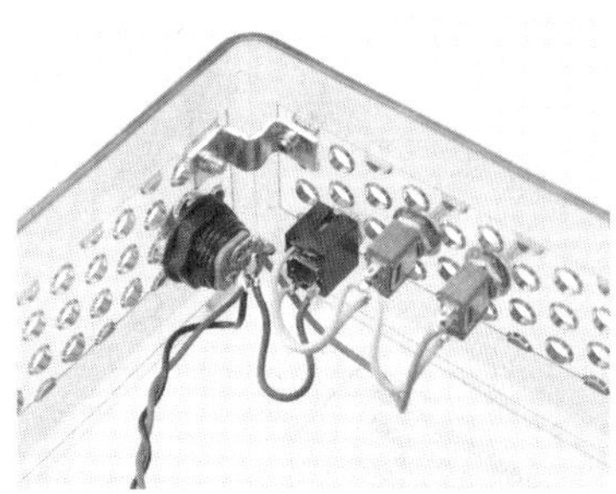
《写真22》接続部分のアップ。角にはランプアームを固定するL字型アングルが

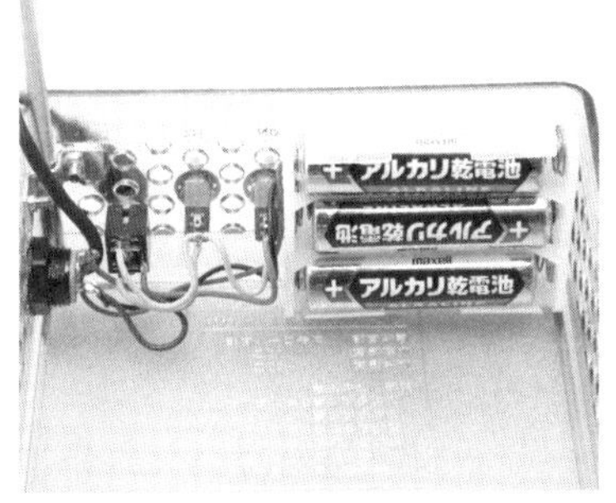

《写真23》アームをケースに固定し、電池を装着したところ

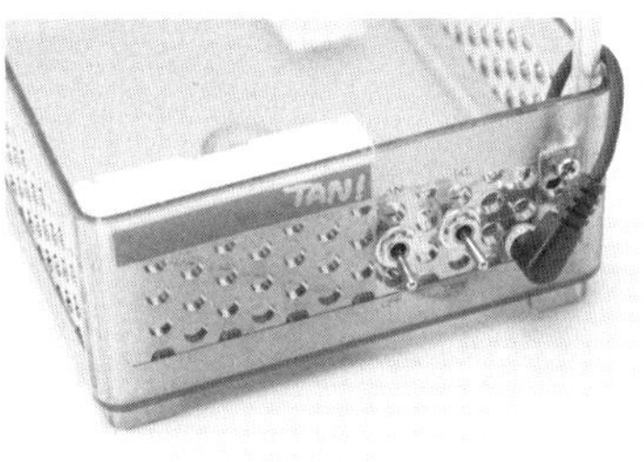

《写真24》スイッチ部分。電源ON/OFFとランプ明るさHI/LOWの切替スイッチがある

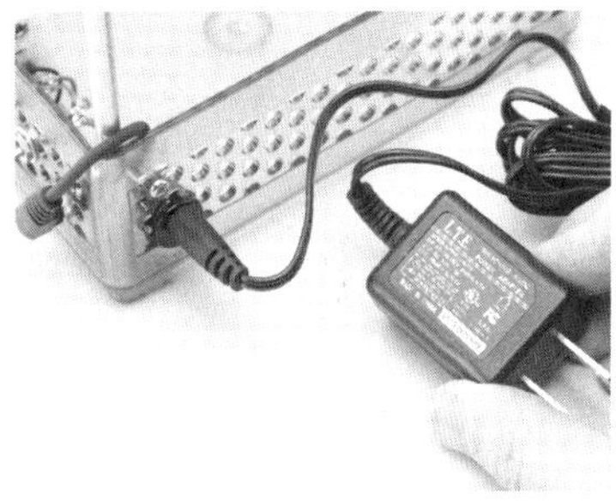
《写真25》外部電源は3.3Vのスイッチング ACアダプタ（秋月電子通商）が利用できる

ベース部分を組み立てて完成

最後にベース部分を作ります。ここには電池ボックスやスイッチ、ACアダプタ端子などが付きます。100円ショップで購入したプラスチックボックスをケースに利用します。ちょうど穴がいくつも開いており、これをうまく利用してスイッチなどの部品を取り付けます。

それらの穴は、どの部品よりも小さいので穴を広げる工具「リーマ」を使って少しずつ広げます。スイッチなどの部品を差し込んで、うまく入るようにサイズを調整します。

加工できたら、スイッチなどの部品を取り付け、実体図を参考にして配線します。電池ボックスは両面テープでケースに取り付ければOKです。アームをケース端に加工したLアングルで固定させ、アーム部分のステレオプラグをベース部分のステレオジャックに差し込みます。配線に間違いがないかをチェックして、良ければ電池を取り付けスイッチをONにしてみます。明るさ調整のスイッチでランプの明るさを強弱に調整できます。なお、より高輝度の白色LEDに交換して、抵抗を調整すればより明るく点灯させることができます。

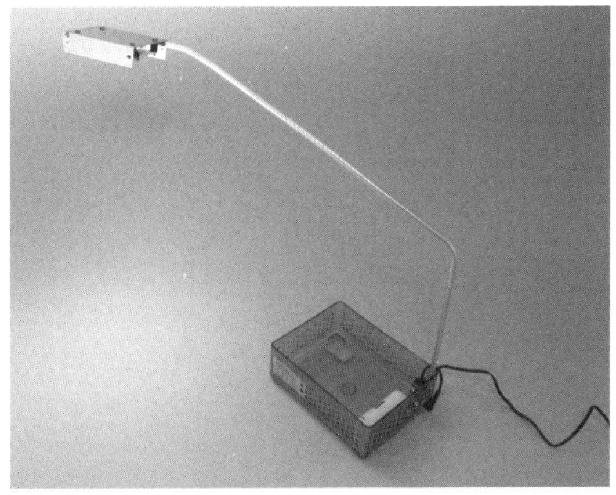
《写真26》実際に利用しているところ。スイッチを入れると明るく点灯。2段階に明るさの調節ができる。ケースには文庫本などを入れておける

昼間充電して夜点滅する
ガーデニングのアクセサリー
充電式常夜灯の製作
（ニッケル水素充電池×2、太陽電池1.5V250mA×2使用）

丹治 佐一

太陽電池を使ったガーデニングのアクセサリーを作ってみましょう。昼間の明るい太陽の光で充電し、暗くなるとピカピカと点滅を開始するガーデニングランプです。夜に標識をピカピカと点滅して知らせる街中や工事現場にある、あのランプと同じです。

太陽電池のエネルギーを使って充電池を充電するため、他の電源は不要です。明るい場所に置いておけば良いわけです。100円ショップで購入した木製ミニテーブルがいいでしょ。

《写真1》昼間の明るい太陽で充電し、夕暮れにピカピカピカっと点滅をしだす常夜灯

充電式常夜灯のしくみ

回路は三つの部分からなっています。太陽電池のエネルギーを充電する部分。外の明るさをチェックしてランプの点灯を制御する部分。ランプをピカピカと点滅させる部分の三つです。

LEDをピカピカと点滅させる回路から動作電圧をニッケル水素充電池2個を直列にした2.4Vで動作させるようにしました。そのため、その充電には太陽電池1.5V出力のものを2個直列にして3Vを接続しています。

この太陽電池と充電池を接続することで、太陽電池のエネルギーを充電することができますが、電池の電圧が太陽電池側に逆流しないように下図のように順方向電圧降下が非常に少ない

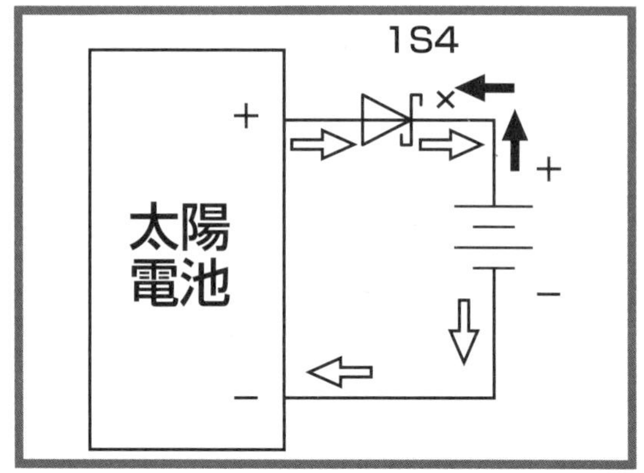

▲逆流防止にショットキーバリアダイオードを使用

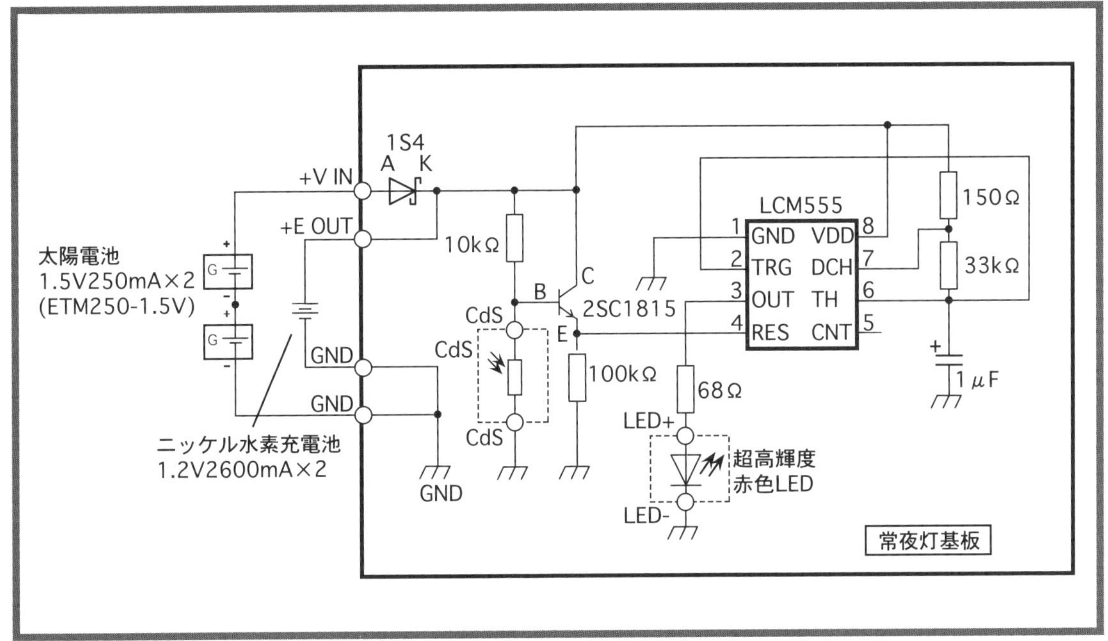

《第1図》太陽電池で充電する常夜灯の回路図

整流用のショットキーバリアダイオードを接続しています。利用した1S4は0.4V（1A時0.5V）での電圧降下しかありませんから、3V－0.4V=2.6Vで充電には問題なさそうです。

周囲の明るさをチェックする部分はCdSセルとトランジスタを使っています。CdSセルは明るさによって抵抗値が変化します。暗くなると抵抗値が増えて、トランジスタのベース電圧が上昇し、トランジスタがONになります。この電圧でピカピカと点滅させる回路をONにさせます。

点滅させる回路には低電圧で動作できるタイマーICの555のC-MOS版のLMC555を使っています。

部品を集めよう

太陽電池やCMOS版のタイマーIC、LMC555、充電池など主な部品は秋月電子通商で入手できます。なお、製作途中で利用している部品が微妙に変わっているため写真の内容と異なっている部分があります。太陽電池は1.5V250mAのものを2個直列にして使用しています。さらに充電池は2個としています。

タイマーIC555は、低い電圧から点滅動作を行わせるために必ずCMOS版のLMC555を使います。通常の555ではダメです。極性がありますから向きに注意します。このほかにショットキー

《写真2》 常夜灯の主な使用部品

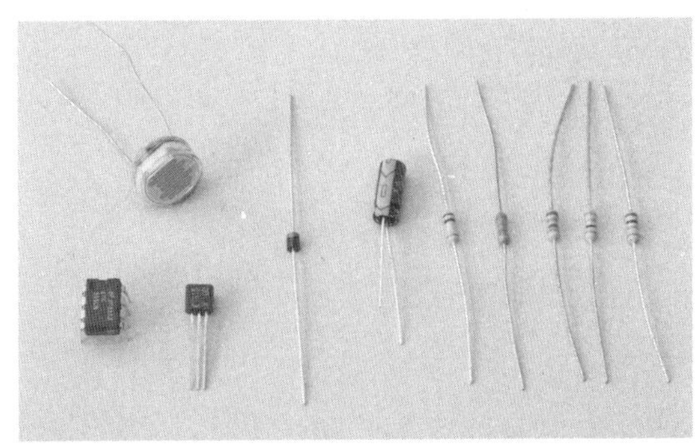

《写真3》 基板で使用する部品。左からタイマーICのLMC555、CdSセル、トランジスタ、ショットキーバリアダイオード、電解コンデンサ、抵抗

《写真4》基板部分の部品と注意点

①暗くなると点滅させる部分を担当するタイマーICのLMC555

②トランジスタ2SC1815。端子は、右からベース（B)、コレクタ（C)、エミッタ（E)

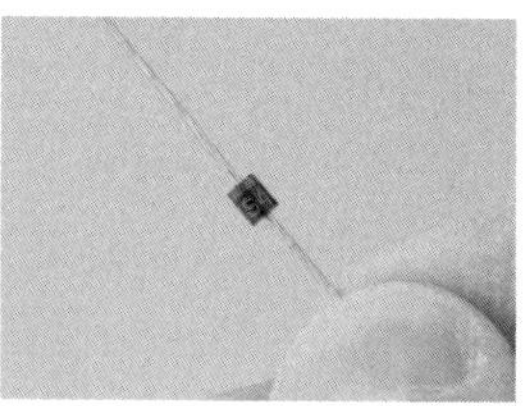

③ショットキーバリアダイオード1S4（40V1A)。帯のある側がカソード（K)、反対側がアノード（A)

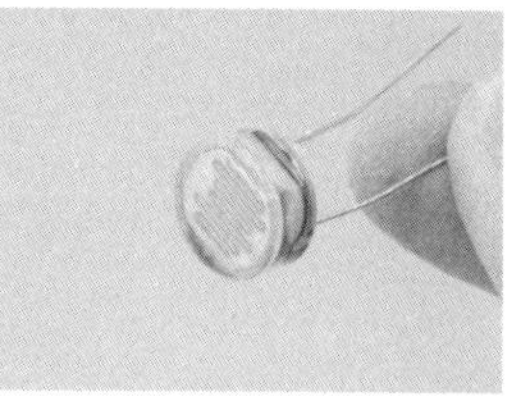

④CdSセル（11mm防滴タイプ)。極性なし。明るさによって端子間の抵抗値が変化する

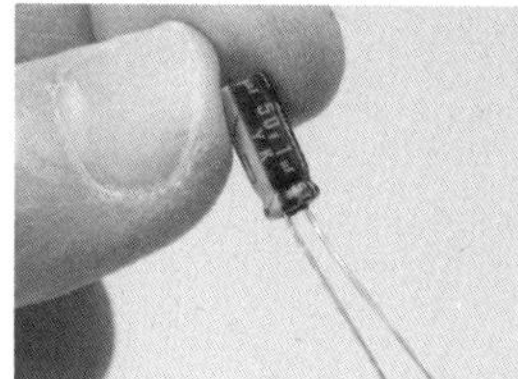

⑤電解コンデンサ1μF（マイクロファラッド）50V（16V以上でよい)。極性有り

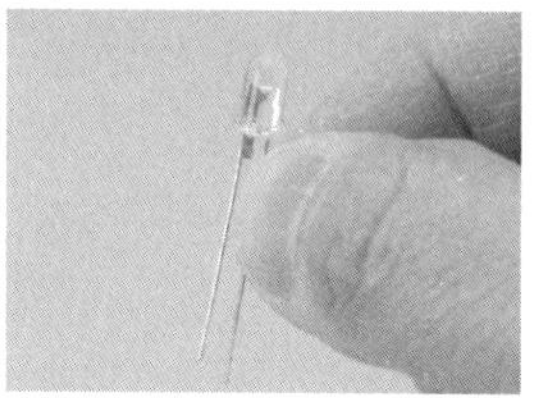

⑥LED（発光ダイオード)。少しの電流でも光るように赤色を使用。OSHR5111Aなど

⑦ニッケル水素充電池。単3型。1.2V2600mAhタイプ。容量の小さな物でも使える

⑧太陽電池1.5V250mA。これを2個直列にして3Vの出力を得るようにします

バリアダイオード1S4にも極性があります。帯のある側がカソード（K）側です。逆に取り付けてしまうと太陽電池の電圧が加わらなくなりますから注意します。LEDは足が長い側がアノード側プラスです。

そのほかトランジスタの向きにも注意しましょう。型番が書かれている面を正面にして、左側からエミッタ（E)、コレクタ（C)、ベース（B）の順に足が並んでいます。電解コンデンサはその側面にマイナス側の極性を示すマイナスマークがあり、プラス側の足が長くなっています。

太陽電池の出力にも普通の電池と同じように極性があります。「+」端子にはプラスの電圧、「−」にはマイナスの電圧が出力されます。普通の電池と同じように接続して利用します。太陽の光に当てると電圧が出力されます。CdSセルや抵抗には極性がありません。

そのほかガーデン用のアクセサリーとして作るために100円ショップで見つけた「ミニチュアガーデンテーブル」を活用しています。定番品でないと思われますので、おもしろそうな物を

《第1表》充電式常夜灯の部品表

部品名	内 容	個数	参考価格（部品1個の単価）
太陽電池	1.5V250mA/ETM250-1.5V/M-00168	2	300円
CdSセル	11mm/防滴タイプ	1	150円
タイマーIC555	CMOS版LMC555	1	1パック5個入り/100円
トランジスタ	2SC1815	1	1パック20個入り/100円
ショットキーバリアダイオード	1S4	1	30円
電解コンデンサ	1μF16V以上	1	30円
LED	赤色OSHR5111Aなど	1	1パック10個入り/200円
抵抗	68Ω（青灰黒金）	1	10円
	150Ω（茶緑茶金）	1	10円
	10kΩ（茶黒橙金）	1	10円
	33kΩ（橙橙橙金）	1	10円
	100kΩ（茶黒黄金）	1	80円
電池ボックス	単3電池x2本（3V）リード線付き	1	200円
充電池	ニッケル水素充電池/単3型1.2V2500mAなど	2	84円
ユニバーサル基板（穴あき基板）	片面ガラス基板、Cタイプ（72x48mm）	1	350円x2
丸棒	直径6mm/木の丸棒	1	105円
木製ミニチュアガーデンテーブル		1	105円
プラスチック丸ケース	ウィズ539/クリアグレー	1	105円
ケーブル		数色各1m	100円
そのほか	両面テープ、メッキ線、木ねじなど		
	合計予算		3,000円前後

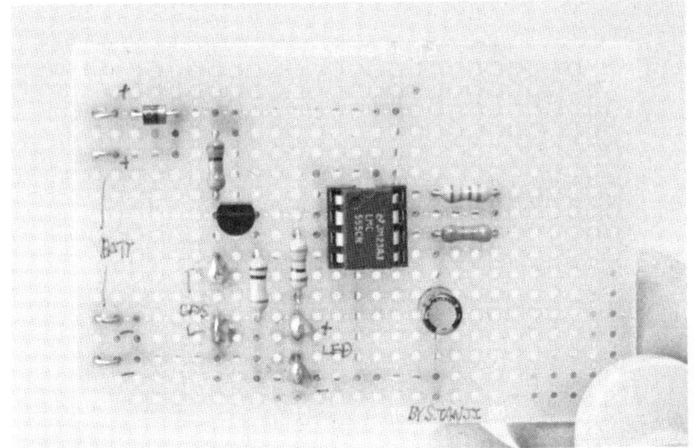
《写真5》基板を部品側から見たところ

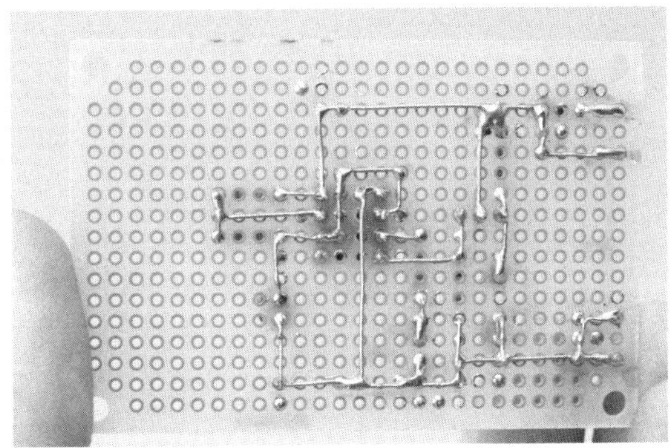
《写真6》基板裏側、銅箔面側から見たところ

組み合わせて作ってみるとよいでしょう。

常夜灯基板を作ろう

部品が集められたら、常夜灯基板を作りましょう。ユニバーサル基板（穴開き基板）を使って作ります。このユニバーサル基板というものは、基板にいくつもの穴があらかじめ開けられているもので、その部分には部品をハンダ付けする部分の丸い銅箔が貼られています。

このユニバーサル基板の好みの位置に、部品を差し込んでハンダ付けして回路を作っていきます。丸い銅箔がある側がハンダ付けを行う裏側の「銅箔面」。そして、銅箔のない基板のみの側が部品を取り付ける「部品面」になります。

単に部品を差し込んでハンダ付けしただけで

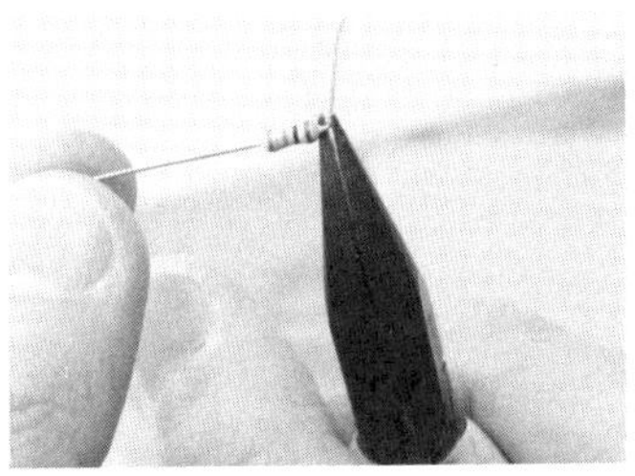
《写真7》部品をハンダ付け。足を必要に応じて曲げて、穴あき基板に差し込む。極性のある部品はその向きに注意

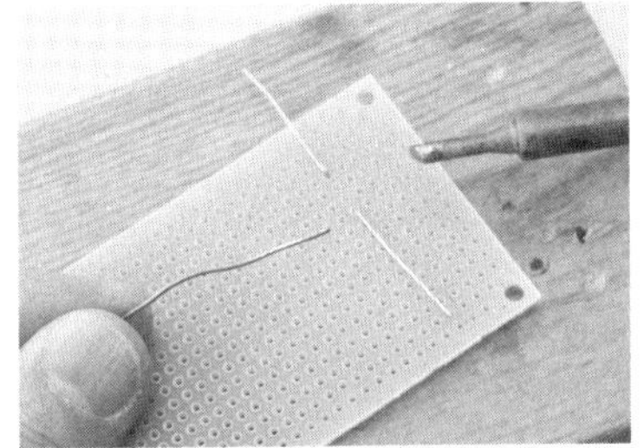
《写真8》部品が差し込めたらその足を使って回路を作るように曲げる。足が短い場合はメッキ線を使って回路を作る

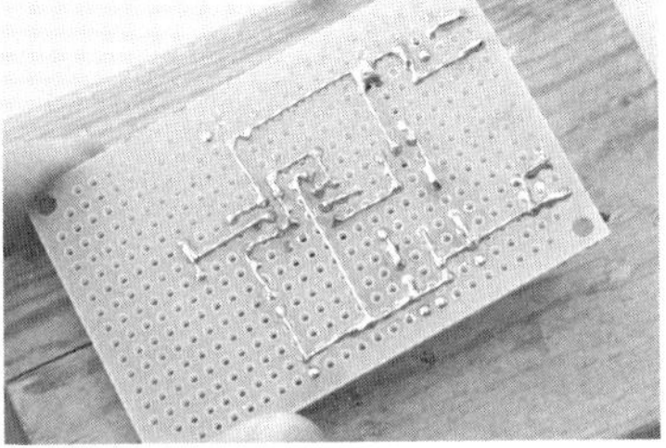
《写真9》回路をメッキ線で作ってハンダ付けが完了。メッキ線同士が重なるとショートすることになるので注意

《写真10》完成した基板。ICソケットは使わなくてもOK。接続端子をメッキ線で輪のようにして出しておくと便利

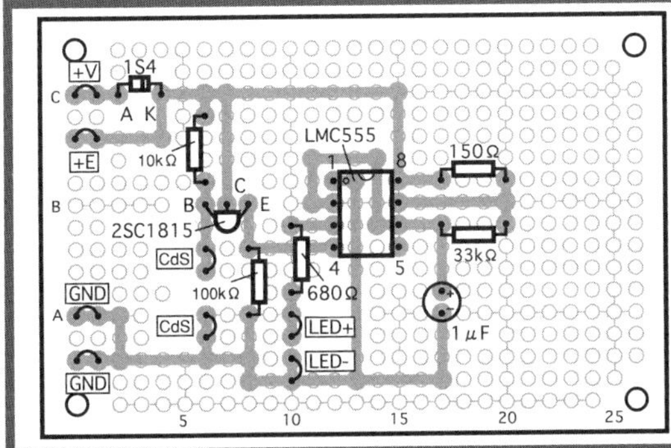

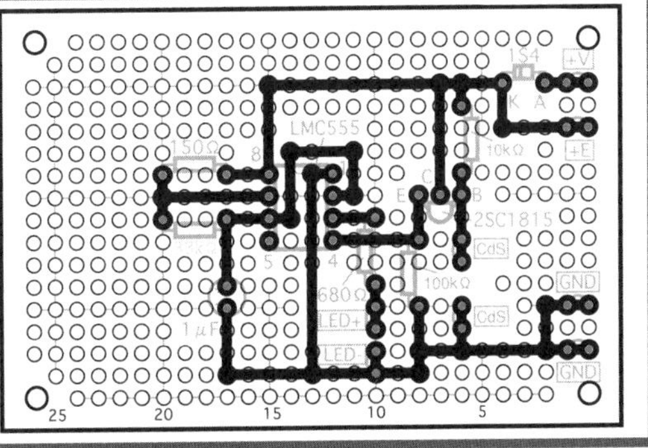

《第2図》基板の部品配置と配線（左側が部品面、右側がパターン面）

は回路にはなりませんから、差し込んだ部品の足やスズメッキ線を使って回路を作っていきます。足を、接続する方向に曲げたり、足りない部分は必要な長さのメッキ線を使って接続部分を作ります。差し込んだ部分の部品の足やメッキ線同士の交点、角などにハンダ付けしていきます。

メッキ線が重なるとショートしますから、十分に注意します。基板図を参考にして、仮に部品を差し込んで回路の配線の仕方を考えてからハンダ付けしていくのがよいでしょう。

基板に外部からの配線を接続する部分には、メッキ線を輪にして端子を作っておくと基板を取り付けた後の配線の接続が簡単に、そして確実にできます。

抵抗は抵抗値によって帯の色が違います。帯が見にくく分からないときには、テスターを抵抗測定モードにして、抵抗値を測定して目的の抵抗を探します。

ミニチュアガーデンテーブルの加工

基板が完成したら「ミニチュアガーデンテーブル」の加工を行いましょう。

このテーブルに100円ショップで購入したプラスチックの「ペン立て」をひっくり返してランプシェードとして取り付けます。

このランプシェードをテーブルに固定させる方法として、穴を開けたテーブルに木の棒を立てて、その上部にランプシェードのペン立てを差し込みます。その中にLEDを収納するわけです。外側にはCdSセルを、上部には太陽電池を取

《写真11》100円ショップで入手した木製のミニチュアガーデンテーブル。折りたたむこともできるスグレモノだ

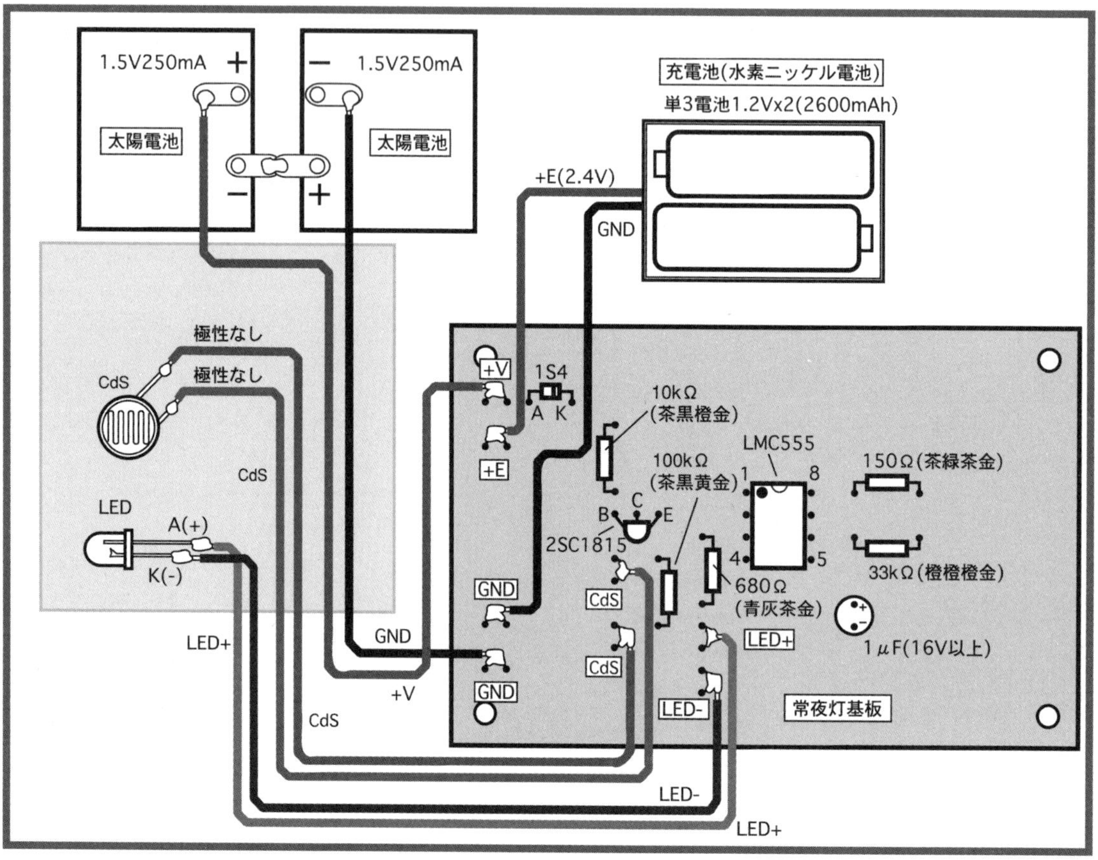

1.5V250mA
太陽電池
1.5V250mA
太陽電池
充電池(水素ニッケル電池)
単3電池1.2Vx2(2600mAh)
+E(2.4V)
GND
極性なし
極性なし
CdS
CdS
LED
A(+)
K(-)
LED+
GND
+V
CdS
+V
1S4
A K
+E
10kΩ
(茶黒橙金)
100kΩ
(茶黒黄金)
LMC555
150Ω(茶緑茶金)
B C E
2SC1815
680Ω
(青灰茶金)
33kΩ(橙橙橙金)
GND
CdS
CdS
LED+
GND
LED-
1μF(16V以上)
常夜灯基板
LED-
LED+

《第3図》太陽電池と充電池を使った常夜灯の結線図

《写真12》ミニチュアガーデンテーブルの加工

①左右の足をつないでいる横板や足部分でうまく押さえ付けられるような位置を探す

②この位置に穴を開ければいいことが分かった。テーブルを分解して穴開け位置をマーク

③ドリル刃で木の棒を差し込む穴を開ける。少々小さめの穴を広げてピッタリにする方がよい

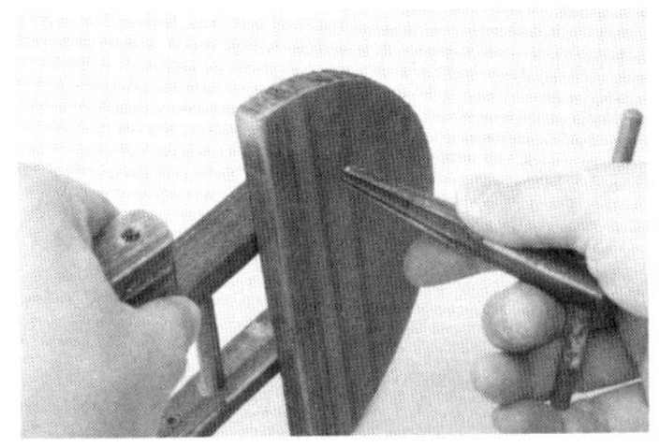

④「リーマ」で木製の棒がピッタリ差し込めるように広げていく。表裏両方を少しずつ加工

⑤穴あけ完了。棒を差し込むと垂直に入り、足の部分でピッタリと押さえつけられている

⑥完成したテーブルを裏側から見る。木の棒が足の部分にうまく重なっている(右端)

り付けます。基板や充電池はテーブルの裏側に設置するようにします。

テーブルは折りたためる構造であるため、機構部分の邪魔にならないように配置させるのがポイントです（持ち運びも考慮）。

ランプシェードを作れば完成

テーブルに木の棒が立てられたら、各パーツを取り付けましょう。木の棒を長さ約40cmにカットしたら、そこに穴を開けたペン立てに差し込めるようにします。木の棒の途中、上から約5cmのところでペン立てが落ちないようにするため、カッターで木の棒にヘコミを作り、結束バンドをその部分に取り付けておきます。

ペン立てを差し込むと、結束バンドが邪魔になり、それ以上落ちないようになるわけです。LEDはその下に結束バンドで固定します。

次にケーブル6本を用意し、そのうち2本をLEDに配線します（極性を覚えておく）。出来たらランプシェードを差し込み、CdSセルをランプシェードの表へケーブルを引き出して配線し、側面に固定します。同様に太陽電池を上部に引き出し、2個直列にした太陽電池のそれぞれプラス、マイナスに配線します。

太陽電池を木の棒に固定させるために、短く

《写真13》ランプシェード部分の加工

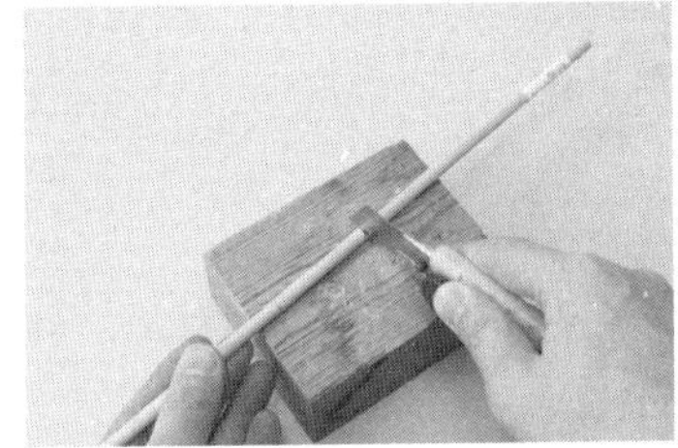

①テーブルに差し込んだ木の棒を抜き、これを約40cmの長さにカットする

②100円ショップで購入した鉛筆立てに、ドリルやリーマを使って棒が通る穴を開ける

③さら木ネジ(2.7x13mm)で基板をテーブル裏側に固定。スポンジタイプの両面テープでもよい

④テーブルには木の棒を通す穴の横にケーブルを通す穴も開けておく

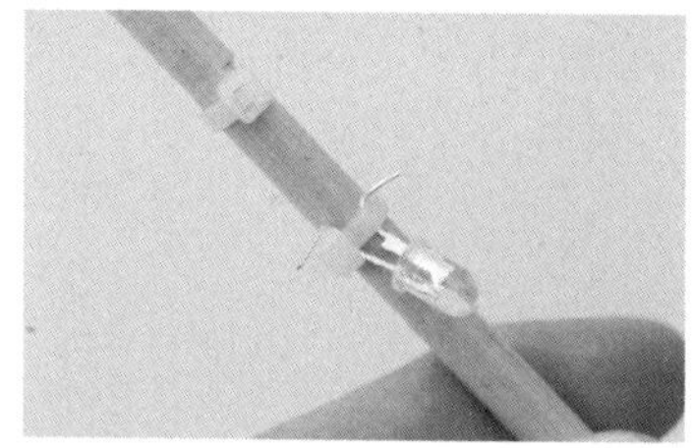

⑤棒の端から約5cmのところにへこみを付けて結束バンドを取り付ける。そこから約2cmのところに同様にへこみを付け、LEDを固定させる

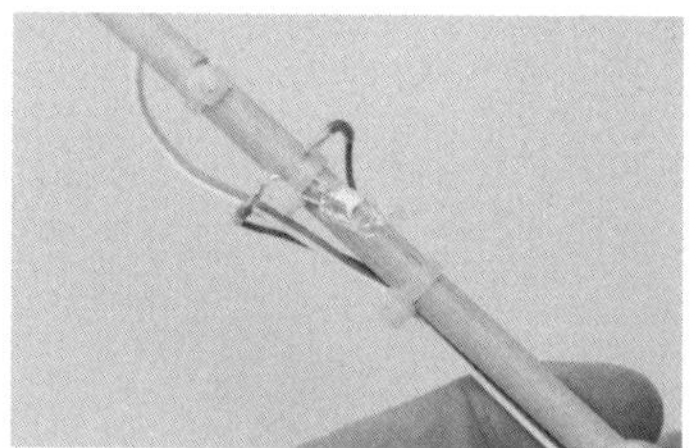

⑥LEDが取り付けられたら、そこにケーブルを配線する。4芯のうち2芯をLED、残り2芯をさらにのばしCdSセルに接続する

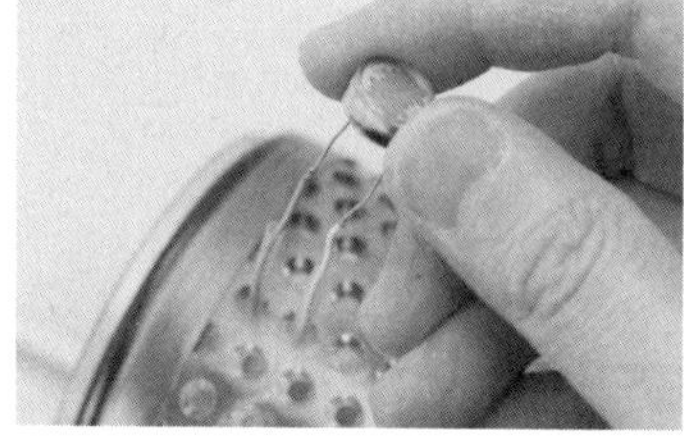

⑦CdSセルの取り付け。あらかじめ熱収縮チューブを通したケーブルをCdSセルの端子にハンダ付け。次にチューブをハンダ付け部分にスライド。コテ先で熱して収縮

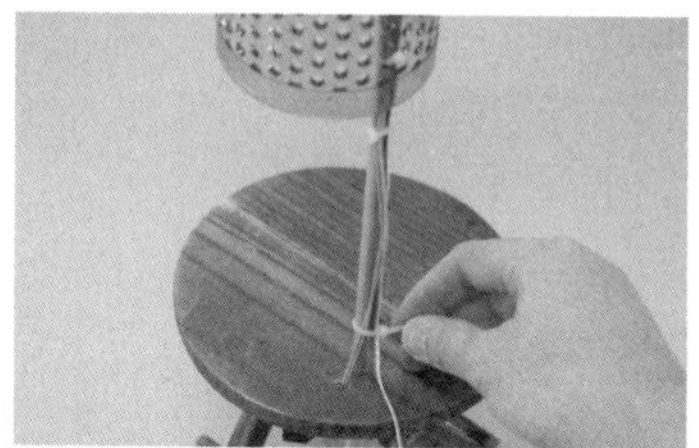

⑧太陽電池のケーブル2本を追加した後、結束バンドでケーブルを木の棒やランプシェードとなる鉛筆立てに止めて固定させる

⑨太陽電池を固定させる部分として、約13cmにカットした木の棒を結束バンド2本使って固定する

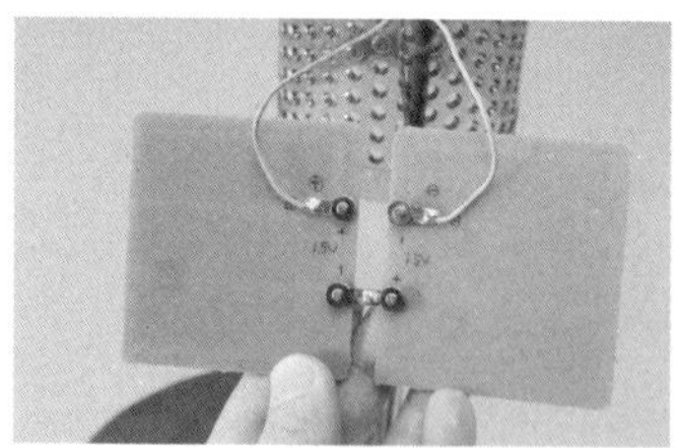

⑩太陽電池2個が直列になるように接続する。このように接続すると太陽電池1個で1.5Vの出力が2個で3Vとなる

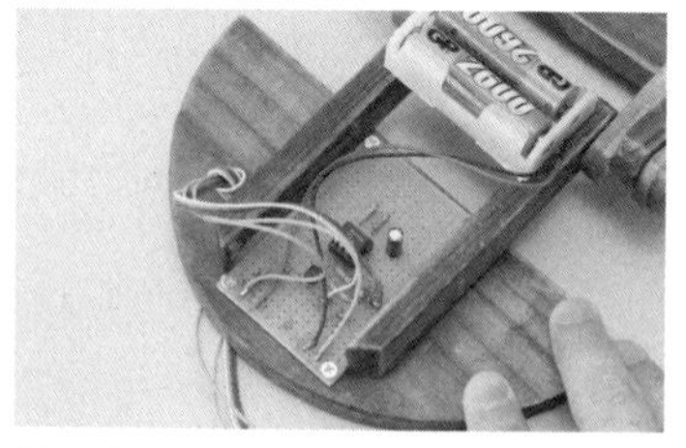

⑪固定した基板に太陽電池のケーブルや充電池を接続。充電池はテーブルを折りたたんでも邪魔にならない場所にスポンジタイプの両面テープで固定

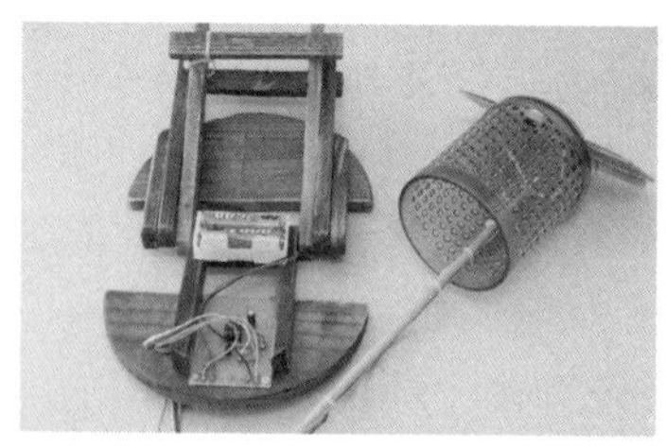

⑫完成した常夜灯。ケーブルに余裕を持たせておくと、このようにランプシェード部分を引き抜いて、テーブルを折りたたんで持ち運ぶことができる

カットした木の棒を結束バンド2本を使って横に十文字となるように固定させます。ここに太陽電池を両面テープを使って貼り付けます。

次に常夜灯基板をテーブルの裏に木ねじを使って固定させます。充電池の電池ボックスは両面テープを使って固定させます。最後にケーブルを基板部分に配線すればOKです。

完成したら太陽電池を日中ガンガンと太陽が当たる場所に置いておけば充電され、暗くなると点滅が開始します。充電が満足でない場合は、発光する前に放電してしまう可能性があるので充電済み充電池を使ってみましょう。発光テストは、充電した電池を差し込み、暗い場所に置くかCdSセルを覆い隠せばLEDが点滅します。

《写真14》太陽電池は日中太陽光が強く当たる場所に置くこと

《写真15》完成した常夜灯。ガーデニングにピッタリサイズ

自然エネルギーを活用しよう

エコパワーで光る白色LED

風力&太陽光充電ランプ

（単3形ニッケル水素電池×1、太陽電池2V500mA×1使用）

省資源や省エネ運動が進み、太陽光発電や風力発電の現場を眼にする機会も増えましたね。ここでは身近な省エネパワーとして、風力発電や太陽電池を活用した製作に、チャレンジしてみましょう。

丹治 佐一

（1）ループウィングで風力発電をテストする

自然エネルギーを活用して白色LEDを光らせるユニットを作りましょう。利用するエネルギーは「風力」と「太陽光」の二つ。これらのエネルギーによって充電池を充電し、必要なときにランプとして白色LEDを光らせることができます。

風の力で発電する部分には、タミヤから発売されている「ループウィング風力発電工作セット」を利用しました。このキットは特殊な羽根の形状によって微風でも効率よく発電部分を回転させることができるものです。このキットは大容量のコンデンサに電力を蓄え、その力で「モータ駆動車」を走らせることができます。

今回の製作ではモータ駆動車を外し、発電部分から得られた電力で充電池を充電します。

太陽光発電部分は2V500mAと大きめの太陽電

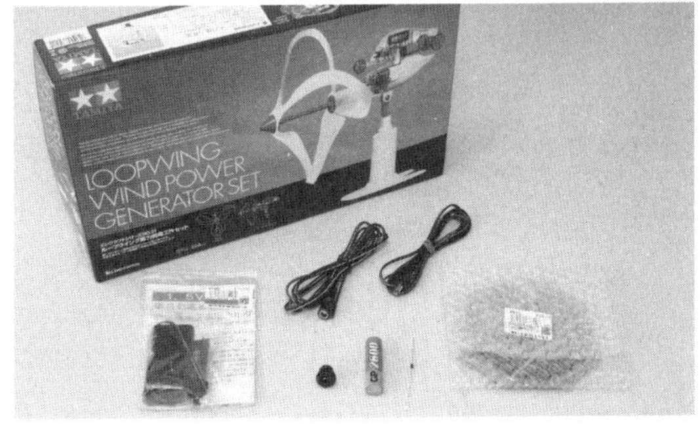

《写真1》主要パーツ。タミヤの「ループウィング風力発電工作セット」、「太陽電池」、「1.5V白色LED投光キット」、「充電池」など

《写真2》白色LEDを電池1本で明るく点灯させる「1.5V白色LED投光キット

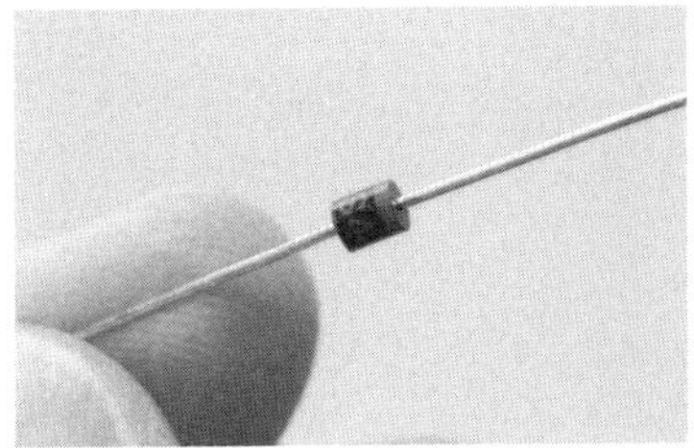

《写真3》「ショットキーバリアダイオード1S4(60V4A)」。順方向電圧降下が少ないのが特長

《写真4》風力や太陽の光で発電した電気を貯めるためのニッケル水素充電池。1.2V2600mA

《写真5》太陽の光から発電するための「太陽電池」2V500mA（秋月電子通商）

《第1表》風力&太陽光　充電ランプの部品表

部品名	内　容	個　数	参考価格（部品1個単位）
ループウィング風力発電工作セット	タミヤ/エレクラフトシリーズNo.2	1	3675円
1.5V電池白色LED投光キット		1	500円
充電池	水素ニッケル電池/単3型1.2V/2600mA(これ以外の容量でもOK)	1	350円
整流用ショットキーバリアダイオード	1S4/40V1A	1	30円
ピンヘッダ（低オス）	2.54mmピッチ/背が低いオス/1列タイプ/40ピン(3ピンに折って使用)	1	50円
径2.1mmDCジャック付きケーブル	ストレート/片端/メス/1.5m	1	180円
径2.1mmDCプラグ付きケーブル	ストレート/片端/オス/1.5m	2	150円
	合計予算		5,000円前後

池を接続し、充電池を充電するようにします。

白色LEDの点灯部分は秋月電子通商で発売されている「1.5V白色LED投光キット」を利用しました。乾電池1本の電圧では点灯できない白色LEDを、タイマーIC555を使って点灯させるキットです。これを改造して、風力発電で得られた電力や太陽発電で得られた電力を接続して、ニッケル水素充電池の充電と白色LEDの点灯ができるようにしてみました。

ちなみに、充電池を充電する場合、ニッケル水素充電池が1.2Vですから、充電するためにはそれよりも高い電圧が必要です。充電にはさらに逆流防止用のダイオードの順方向降下電圧（0.4V）+充電池の電圧（1.2V）以上必要ですから1.6V以上の入力電圧が必要になります。

太陽電池では2Vの電圧を加えることで充電できそうですが、ループウィングの出力電圧で充電できるかが不安です。キットの手順通りに組み立てた後、その出力をチェックしてみました。接続端子にLEDを接続すると明るく光りました。さらにテスターを当てて出力電圧を測定すると3.5Vもの電圧が。これなら充電OKです。

（2）ループウィングで風力発電をテストする

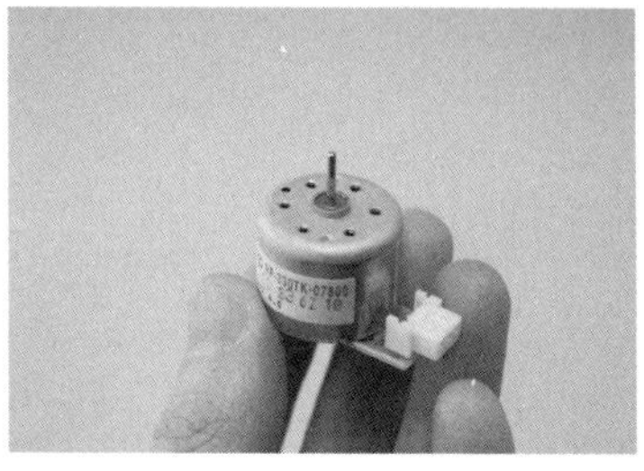
《写真6》発電用のモータ。これにギアボックスが付き風車（ループウィング）がつながることになる

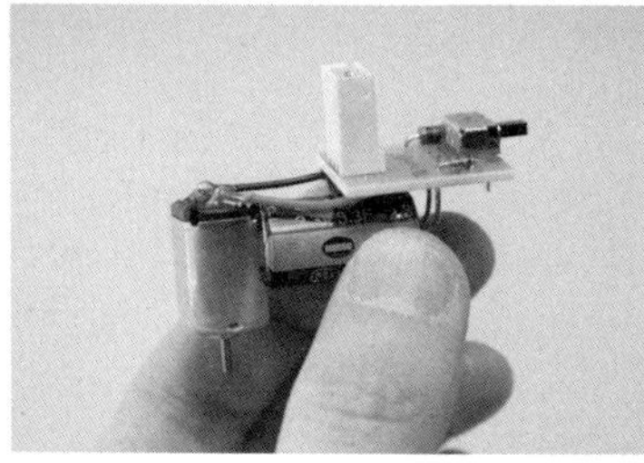
《写真7》車用の走行モータ。3.3Fという大容量コンデンサが付いた蓄電パーツも付いている

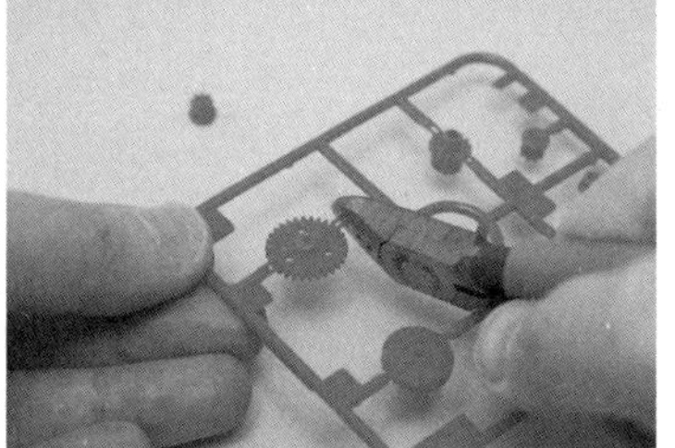
《写真8》ランナーにくっついているギアをニッパで丁寧にカット。不要なバリはカッターで削り取る

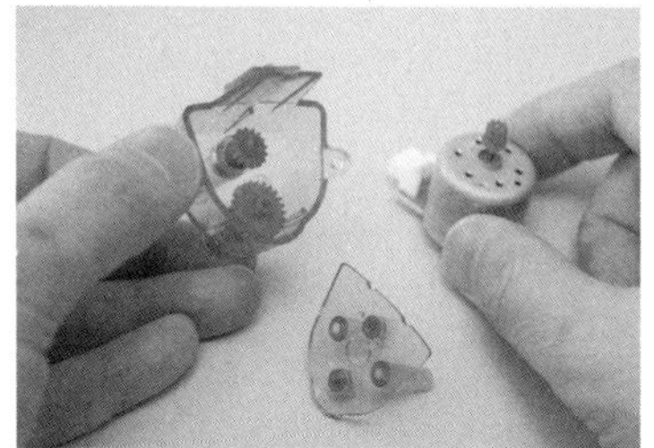
《写真9》カットしたギアをモータに取り付け、ギアを組み合わせてギアボックスを作る

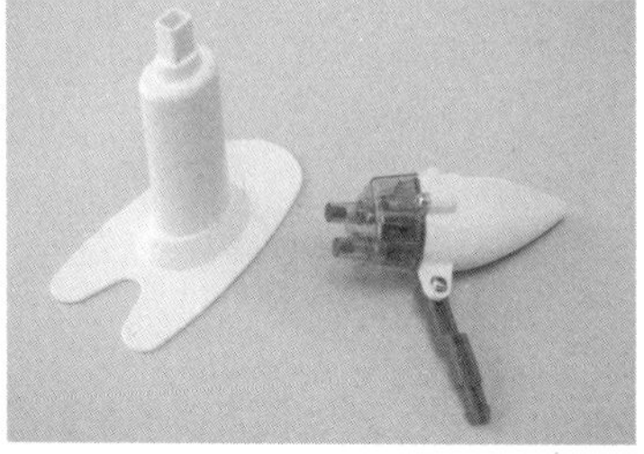
《写真10》発電部分が完成。スタンド下部にはおもりが入っており、風車が回転しても倒れないようになっている

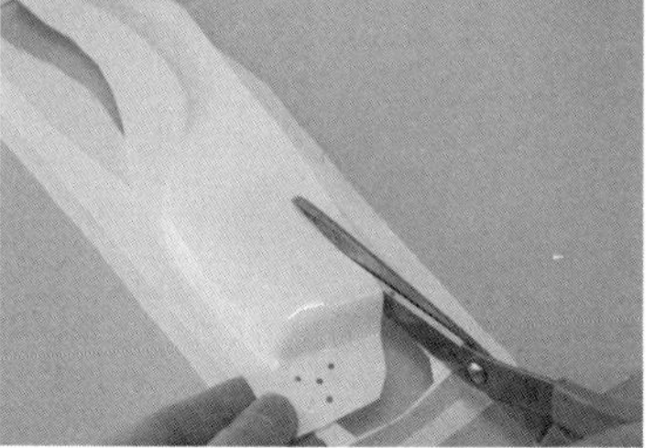
《写真11》ハサミでカットして風車部分を切り出す。大まかにカットしたのち、注意深く線に沿って

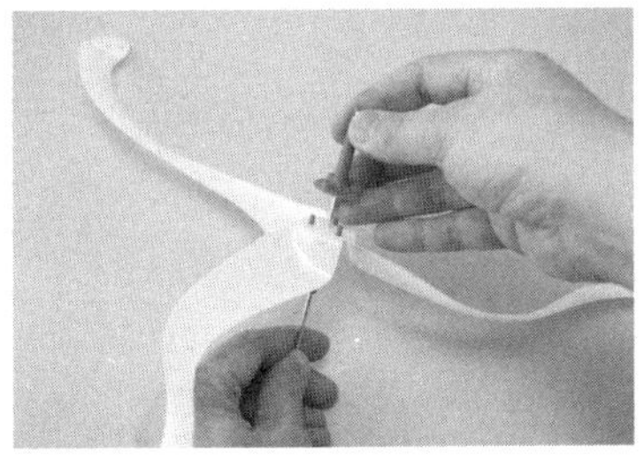

《写真12》ウィング部分を3枚切り出したのち軸に組み合わせてゆく。ひねって固定させればウィングの完成

《写真13》弱風用（上段）の2倍速、強風用（下段）の3倍速のギアが選択できる

《写真14》「モータ駆動車」を発電部のコネクタに差し込んで、風に風車を当てればOK

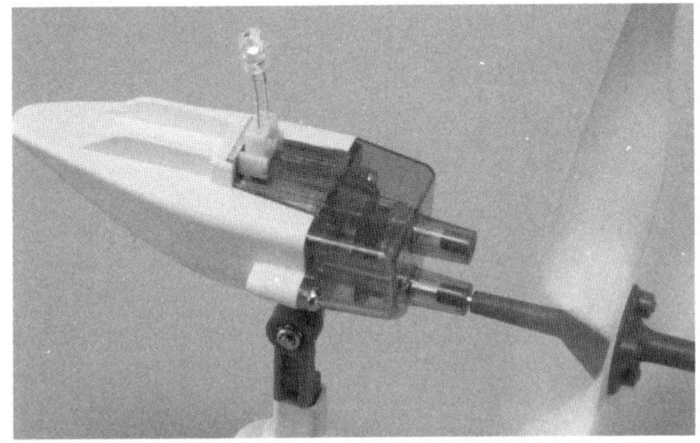

《写真15》「発電部のコネクタ」にLED（発光ダイオード）を接続してみた。写真奥のプラス（＋）出力にLEDのアノード（A）側を接続。風を当てると明るく光った

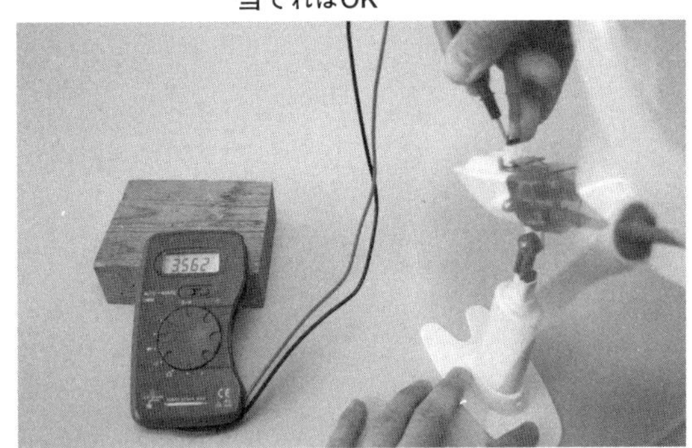

《写真16》出力電圧を測定してみた。扇風機の風を当てて風車を回し、そのときの電圧をテスターで測定。すると3.5Vもの電圧が出ていた

（3）「1.5V白色LED投光キット」を作る

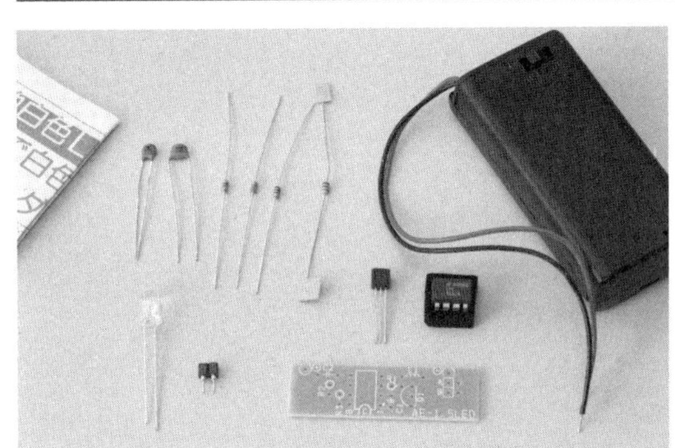

《写真17》「1.5V白色LED投光キット（秋月電子通商/500円）」の内容。専用の基板と全ての部品が含まれている。右側の単3電池ケースに組み込んで使用

ループウィング風力発電部分が完成したら、次は「1.5V白色LED投光キット」を作りましょう。

このキットは、乾電池の1.5Vという低い電圧で白色LEDを光らすことができるキットです。タイマーIC555を使って低い電圧からLEDが点灯できる電圧に昇圧させるいわゆるDC-DCコンバータの回路が作られています。

最初に普通に組み立てて、乾電池のみで白色LEDが点灯できるように作ります。うまくLEDが点灯できることを確認した後、このキットを改造して風力や太陽光で充電と点灯ができるようにします。

それでは早速作りましょう。乾電池1本ほどのサイズの細長い基板に部品をハンダ付けして作っていきます。作るポイントは、背の低いものから順にハンダ付けしていくことです。

キットの部品表にある部品番号の部品を基板上に書かれている同じ部品番号の部分にハンダ付けしていきます。抵抗は色の帯で値が書かれていますから見間違えないように注意します。極性はありません。極性があるものはICやトランジスタです。セラミックコンデンサには極性はありません。他に小さなコイル「マイクロインダクタ」は抵抗と同じような形をしていますから注意します（他の抵抗3本と見比べて違うものがコイルです）。

次に、電池ボックスの加工を行います。電池ボックスの赤コードにつながっているプラス接点をラジオペンチで引き抜きます。この接点につながっている赤コードを再利用します。

指定の長さにカットし、両端を剥いて芯線を出します。芯線にハンダを溶かしてハンダメッキをしておきます。電池ボックスの黒コードも同様に指定の長さにカットして、芯線にハンダメッキしておきます。

先に作った基板のマイナス側に黒コードをハンダ付けします。赤コードを基板のプラス側にハンダ付けし、赤コードの反対側を電池ボックスのスプリング端子にハンダ付けします。

基板を電池ボックスに収納し、極性に注意してLEDを差し込みます。電池を差し込んでスイッチONでLEDが点灯すればOKです。

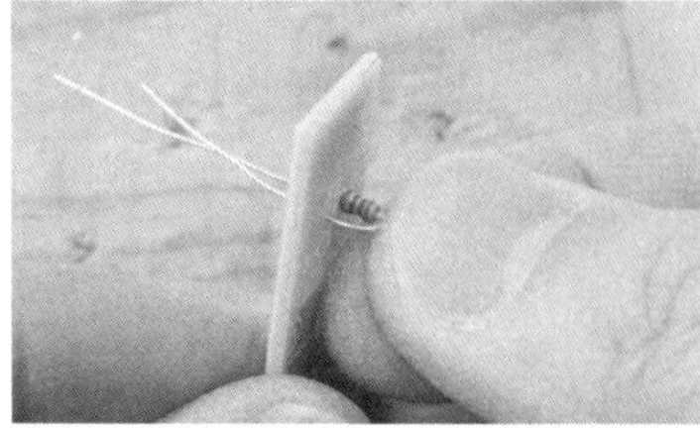

《写真18》部品を基板の部品番号の場所に差し込み、ハンダ付けしていく

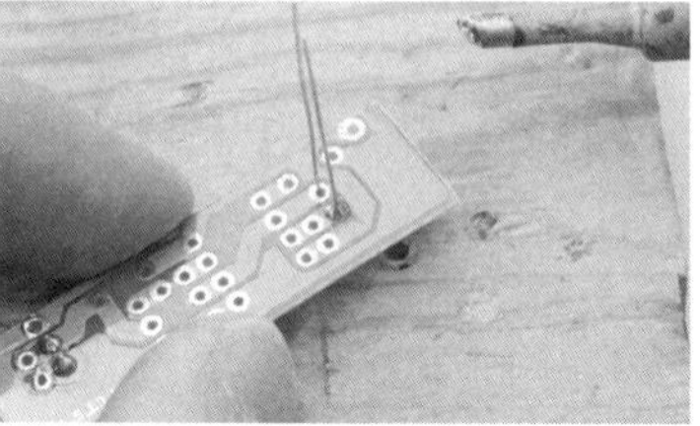

《写真19》基板を裏返し、パターンと部品の足とをハンダ付けしていく。パターン同士のショートに注意

《写真20》ハンダ付けが完了したら、ニッパで部品の足をカット。カットした足が飛ばないように指で押さえておくのがポイント

《写真21》基板のハンダ付け完了。部品の極性や値の間違いが無いかを確認すること

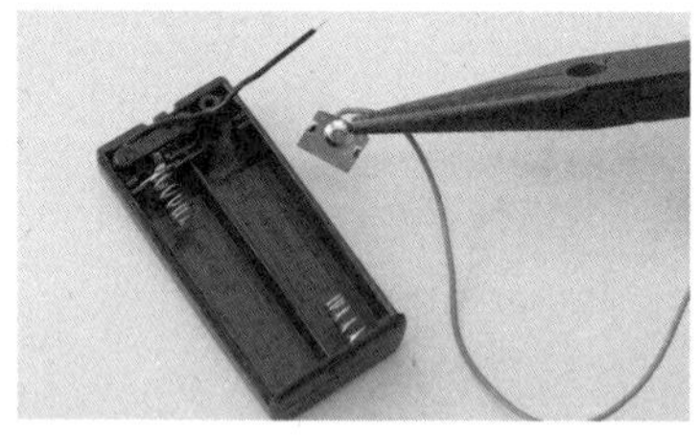

《写真22》付属電池ボックスを加工。黒コードを指定長にカットし、プラス側の接続端子をラジオペンチで引き抜く

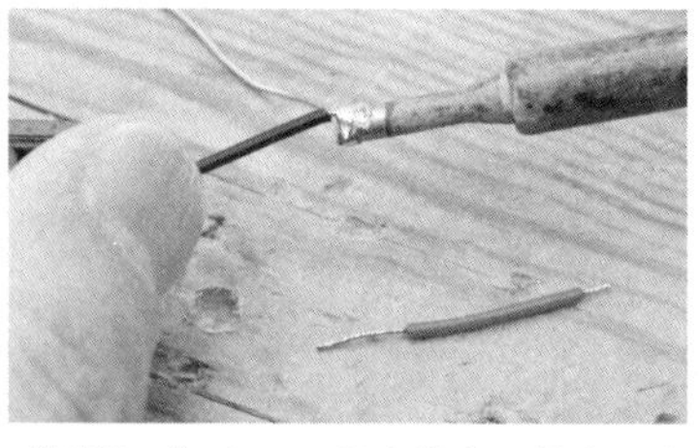

《写真23》赤コードを指定の長さにカットし、被覆を剥く。赤と黒の芯線を出して、ハンダを芯線に溶かしハンダメッキしておく

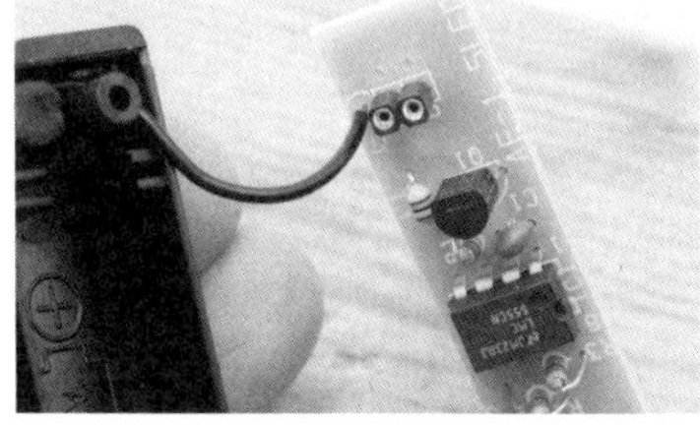

《写真24》電池ボックスの黒コードを基板のマイナス部分にハンダ付けする

《写真25》赤コードを基板のプラス側にハンダ付けした後、電池ボックスのスプリング端子にハンダ付けする

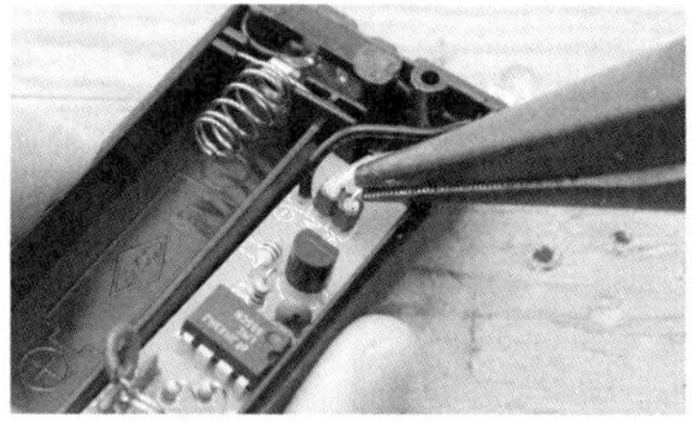

《写真26》LEDの片側をセロテープで絶縁。そのLEDを電池ボックスの穴に通し、足をラジオペンチで端子に差し込む。極性に注意（逆だと点灯しない）

《写真27》完成。単3電池を入れて電池ボックスのスイッチをONにしてみる

《写真28》明るい場所でも白色がはっきりと見えるぐらいに明るく光る。これで光らなければ基板の部品の取り付けミス、LEDの向きをチェックしてみよう

（4）1.5V白色LED投光ランプを充電タイプに改造

完成した投光ランプを改造して、外部からの電圧で水素ニッケル充電池やエネループに充電できるようにしてみましょう。充電中でも必要に応じて点灯可能です。

改造は簡単。逆流防止用のダイオードと風力発電や太陽発電ユニットからの出力を接続するためのDCコネクタケーブルを取り付けるだけです。このDCコネクタはACアダプタで使われている内径2.1mmDCジャック（受け側:メス）を使います。

まず、LED投光基板のプラス側である電池のスプリング端子にショットキーバリアダイオード（1S4）のカソード側（帯のある側）をハンダ付けします。ダイオードの反対側アノード側とDCジャックの中央端子（プラス端子）のコードをハンダ付けし、DCジャックの外側（マイナス端子）のコードをケースの電池マイナス端子にハンダ付けすればOKです。

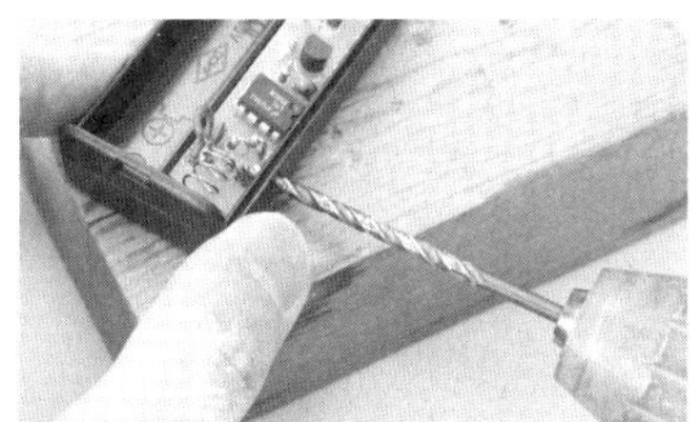

《写真29》スプリング端子部分の側面に穴を開ける。基板や部品を壊さないように注意すること

《写真30》スプリング端子に「ショットキーバリアダイオード1S4」をハンダ付けする。カソード側（帯がある端子側）をスプリング側にする

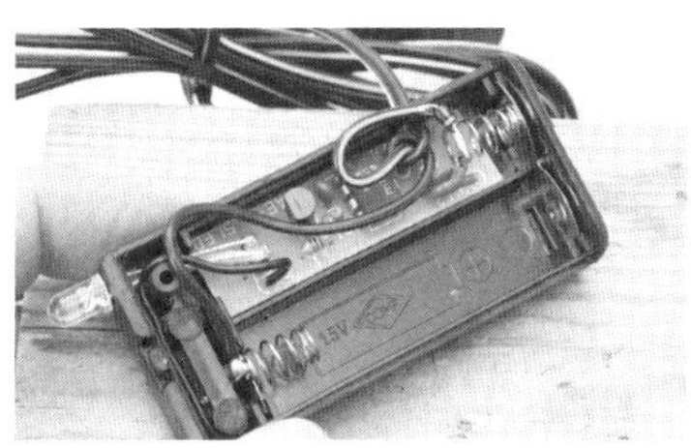

《写真31》直径2.1mmのDCジャック付きケーブルをハンダ付けする

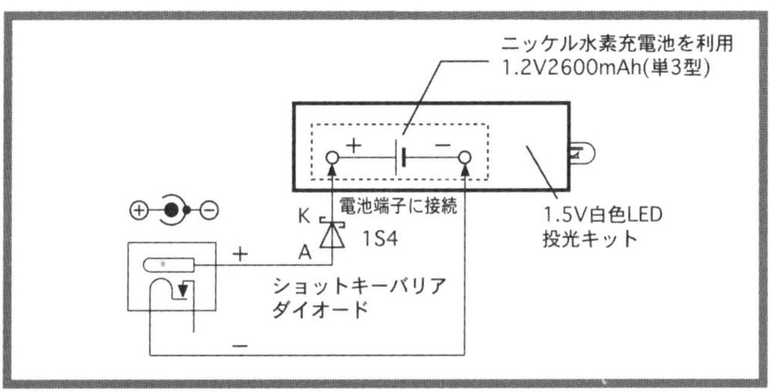

《第1図》発電ランプユニットを充電池タイプに

《第2表》充電対点灯時間表

	1分間/電灯チャージ	2分間/電灯チャージ
白色LED	消灯まで　約5分30秒	消灯まで　約14分11秒
	消灯まで　約4分44秒	消灯まで　約16分30秒
	消灯まで　約6分00秒	平均　約15分20秒
	平均　約5分24秒	上記消灯後,チャージせず赤色LEDに交換して再度ONにして点灯
赤色LED	消灯まで　約14分00秒	消灯まで　約8分20秒

▲充電対点灯時間を実測＝1分および2分間、電灯光で充電した後の白色、赤色LEDの点灯時間

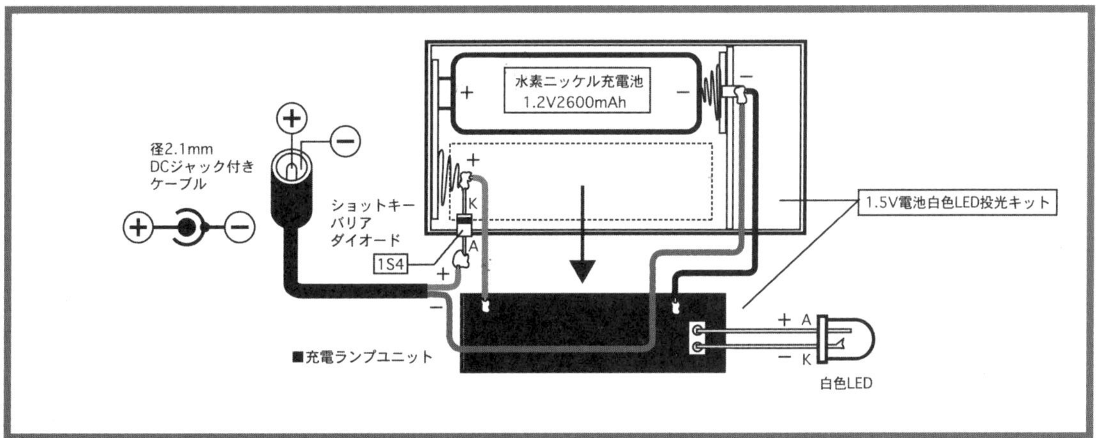

《第2図》充電タイプに改造した発電ランプユニットの結線図

（5）太陽電池発電ユニットの製作

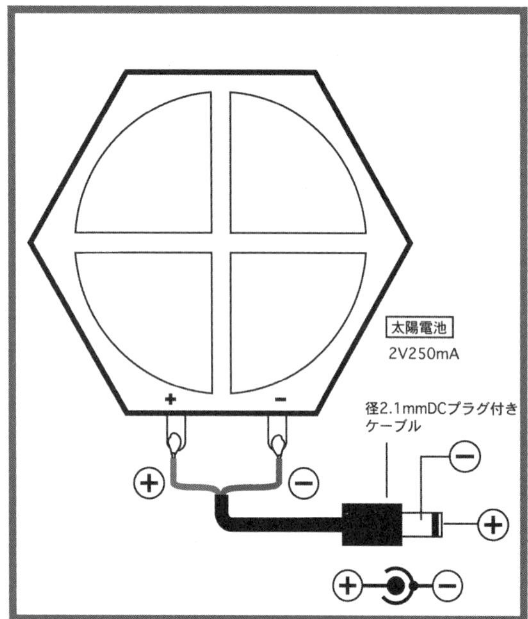

《第3図》太陽電池に
DCプラグ付きケーブルをつなぐ

太陽発電部分を作りましょう。

注意点は、先に作ったDCジャックの極性と同じになるようにDCプラグを太陽電池の端子にハンダ付けします。太陽電池のプラス（+）側がDCプラグの中央端子、マイナス（−）側が外側端子になるようにケーブルをハンダ付けします。

完成したらケーブルをLED投光ユニットのコネクタに接続しましょう。太陽電池を太陽にかざすと充電が開始されます。充電が終わったら、ケーブルを抜いて、単独で点灯できます。充電中にも点灯できますが、充電時間が長くなります。これがあれば災害時にも便利ですね。

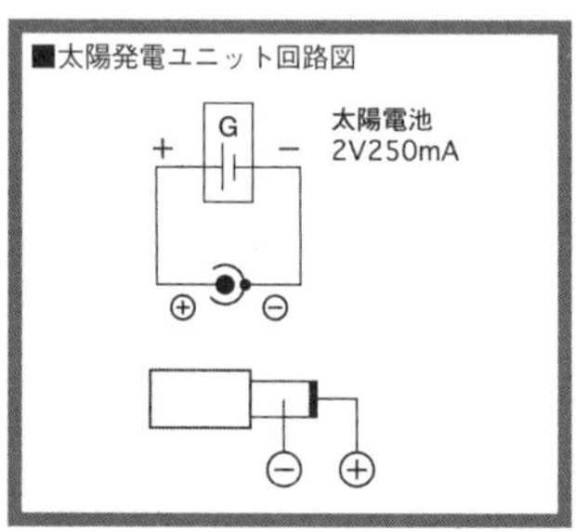

《第4図》ケーブル接続図

《写真32》太陽電池の端子部分（2V250mA）。端子部分に電圧の極性が書かれている

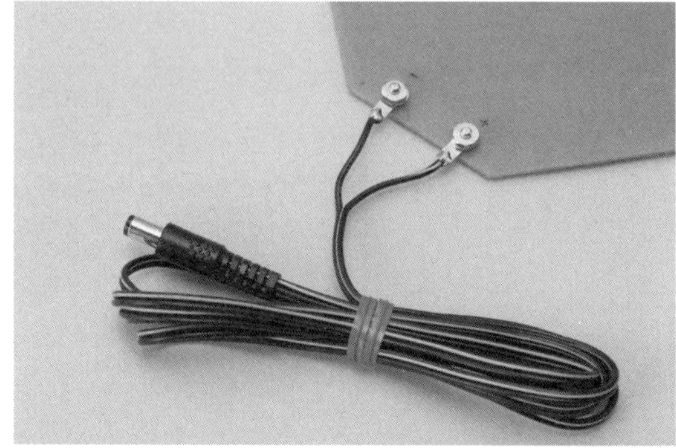
《写真33》直径2.1mmDCプラグ付きコードの中央端子（コードの白色）を太陽電池のプラス端子に、外側端子(黒色)を同マイナス端子にハンダ付けする

《写真34》完成した太陽電池発電ユニットの様子。太陽の光に当てると、DCプラグに電圧が出てくる。中側端子がプラスになっているはずだ

《写真35》実際に太陽に当てて充電し、発光させているところ。第2表のように、1分間のランプによる充電で約5分間も点灯した。赤色LEDにすると、なんと約14分間も点灯

（6）風力発電ユニットとLED投光ランプの組み合わせ

風力発電ユニット部分を作りましょう。

ループウィング風力発電ユニットの上部にあるコネクタに2.54mm間隔のピンヘッダ（3ピンにカットしたもの）を差し込み、そこにDCプラグコードをハンダ付けします。

なお、ループウィングの極性はウィングを奥に、手前に端子を向けたときに、端子の左がプラス（+）、右がマイナス（−）となります。DCジャックの極性に注意してハンダ付けします。

完成したらケーブルをLED投光ユニットに接続して、風で風車が回れば充電されます。これがあれば太陽が出ていない夜中でも充電可能です。

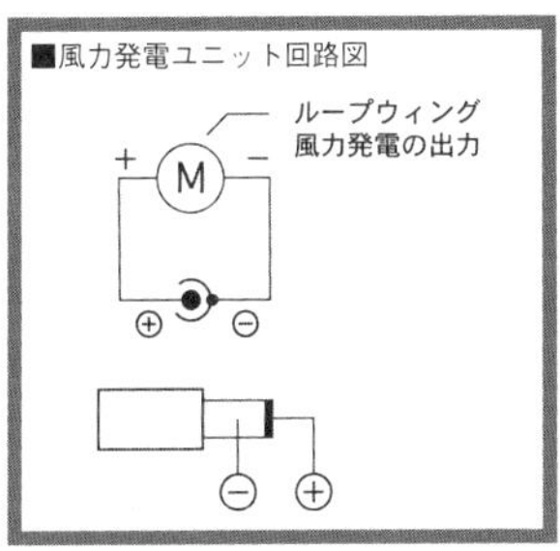

《第5図》ケーブル接続図

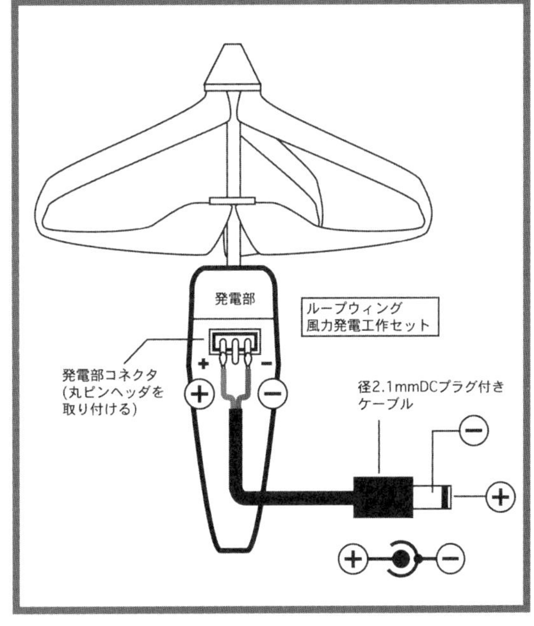

《第6図》風力発電ユニットに
DCプラグ付きケーブルをつなぐ

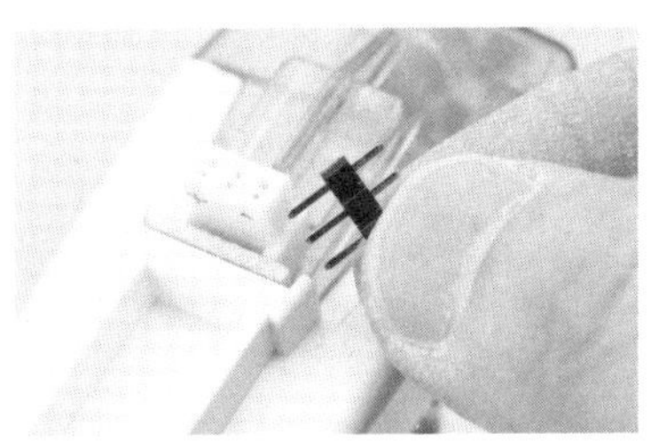
《写真36》「ループウィング風力発電工作セット」の発電部のコネクタに3ピンにカットした「2.54mmピッチのピンヘッダ(低オス)」を差し込む

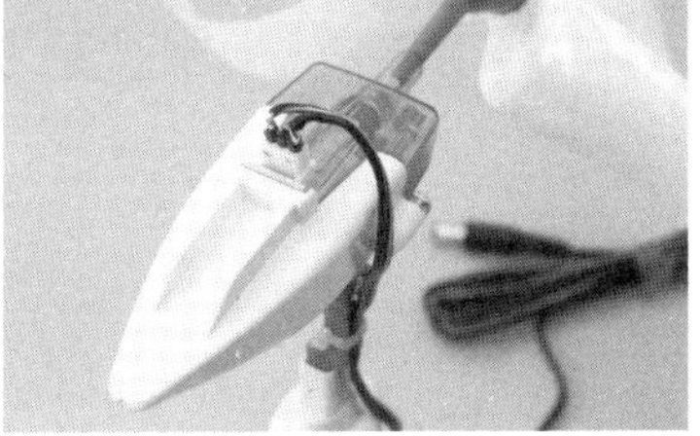
《写真37》ループウィング風力発電のコネクタは、写真左側がプラス、右側がマイナス端子になる。中央は無接続。ここに直径2.1mmのDCプラグ付きコードの中央端子（白）をプラス、外側端子（黒）をマイナスに接続

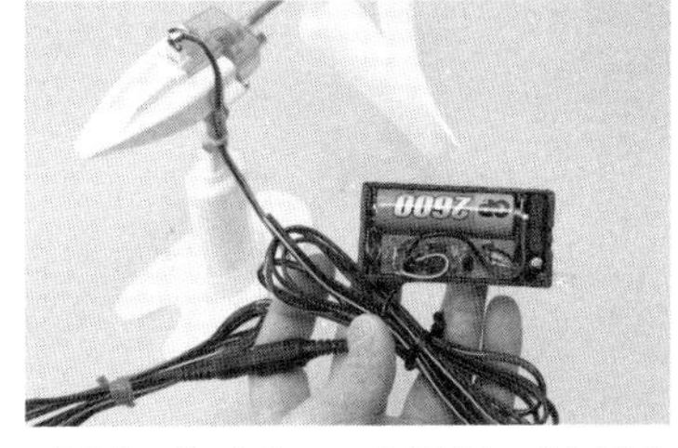
《写真38》白色LED充電ランプと風力発電ユニットとを接続してみる。スイッチOFFで充電(LED消灯)。ONだと充電しながらLEDが発光する

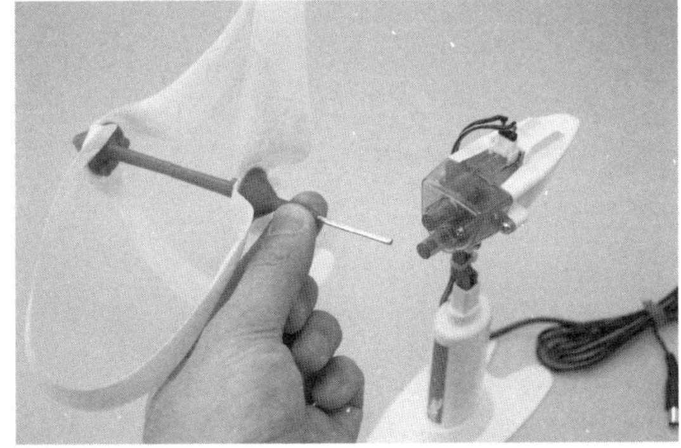
《写真39》風車を風力に合わせて差し込むギアを選択する。上側が弱風用の2倍速、下段が強風用の3倍速のギア。下側が発電量が多い

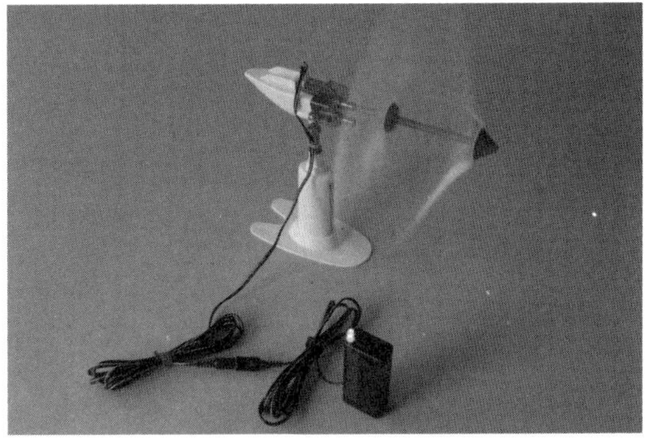
《写真40》スイッチをONにして完成した風力発電ユニットをテスト。LEDも点灯するのでほとんど充電されないが回転数に応じてLEDが光る。充電するならスイッチをOFFにすればOK

野外で100V電気製品が使える

ソーラー充電機能付き パーソナル電源器

（鉛シール電池12V8Ah、太陽電池12V500mA×2使用）

米持　尚

二次電池として長い歴史を持つ鉛蓄電池を使ったパーソナル電源を紹介します。これはバッテリ充電器、直流－交流変換器（DC-ACインバータ）、太陽電池と組み合わせたものです。普段は電灯線からバッテリを充電しながら使う12Vの直流電源ですが、電灯線電源の使えない野外では太陽電池で充電し、直流12Vの電源を使用するだけでなく交流100Vのテレビや扇風機、蛍光灯スタンドなどの家電製品も使え、簡易な非常電源にもなります。

《写真1》完成したパーソナル電源器の外観

バッテリ充電は充電器と太陽電池

一般に鉛蓄電池は使用上の注意点が多い電池ですが、ここでは電解液の補充の手間がなく、ガス発生などの心配もないシール型を使っています。サイズは12V、8Ahと小型のものです。

この鉛蓄電池は専用の充電器で充電しながら使用します。充電電流や機器につないで使うときの放電電流はスイッチでメータを切り替えて確認します。

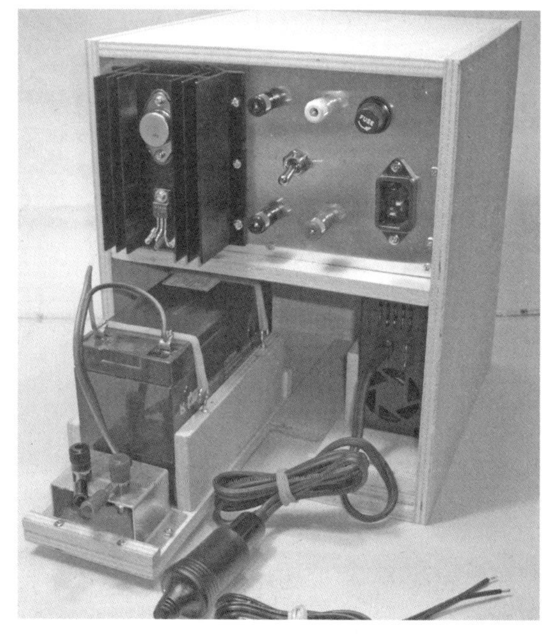

《写真2》バッテリは引き出せる

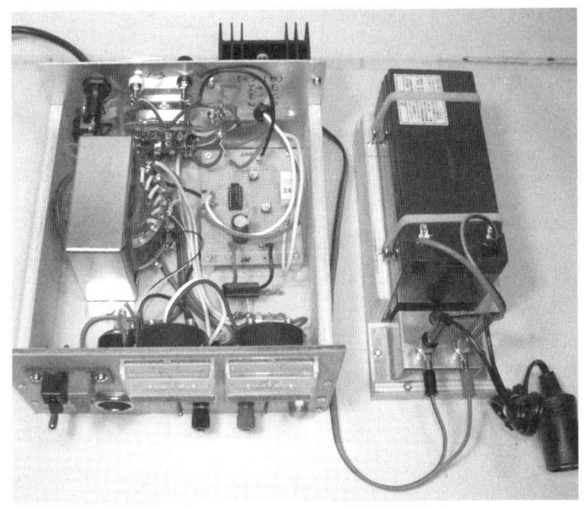
《写真3》内蔵する充電器と鉛シールバッテリ

《写真4》太陽電池で充電も可能だ

太陽電池は12V500mAのモジュールを2枚並列にして使用します。キャンプなどのアウトドアで使うときはこの太陽電池でバッテリを充電しますが、完全充電するには8時間直射日光をあてる必要があります。

野外で交流100V電気製品が使える

バッテリの直流12Vを交流100Vに変換するインバータは300Wの完成品をそのまま組み込みました。製作する木製ケースの前パネルに開けた穴に差し込んで出力コンセントが顔を出すような形にしてあります。バッテリが小型ですから大電流を使う電気製品は無理ですが、蛍光灯スタンドや扇風機、真空管式のアンプやラジオなどは動作させることができます。

木製ケースで一体化

部屋の中だけではなくアウトドアでの利用を考えて木製のケースとし、その中に**第1図**に示す三つの構成部分を納めました。

上下2段に分けた下段には重量のあるバッテリと前面のコンセントから電気を取り出しやすいようにDC－ACインバータを、上段には充電器を収めます。まだ付けていませんが、持ち運びに便利なように箱の天板にはハンドルを付ける予定です。

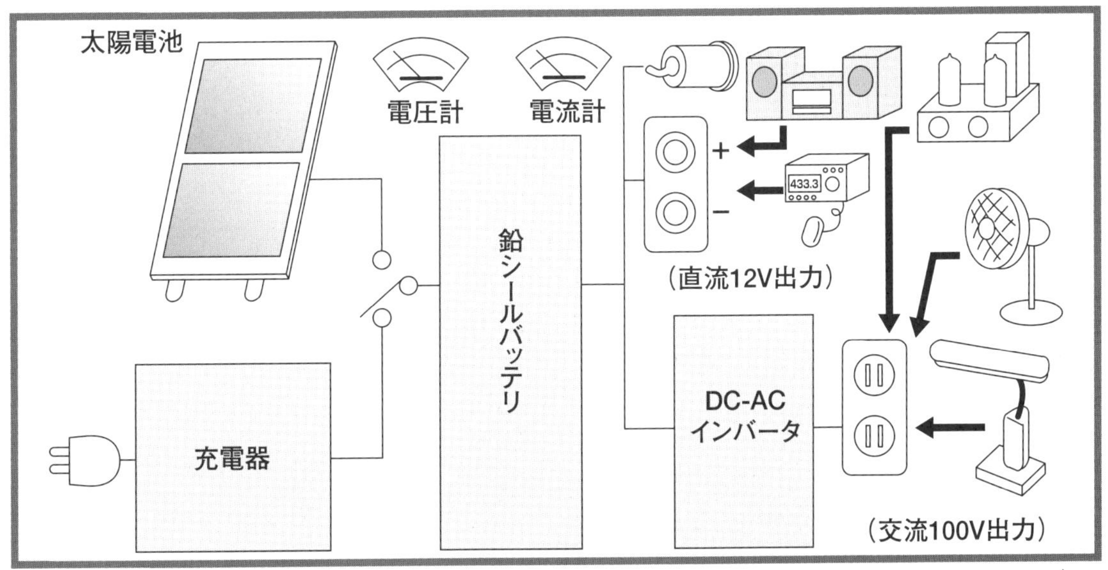

《第1図》パーソナル電源器の構成。DC12V製品とAC100V製品の両方が使える

ケースの加工と組み立て

上下2段に分ける

野外へも持ち運ぶことを考えて各要素をまとめて一体型にした木製ボックスを作成します。素材は表面がきれいなシナベニアで、縦横920×450ミリ、厚さ9ミリの板を必要寸法に切り出します。参考として板取り寸法を**第2図**に示しました。この中には下段のバッテリやインバータの固定台となる部材も含まれています。

切断は手引きノコギリだと線が曲がったり断面が直角にならないなどの問題が発生しやすく、そうなると見栄えが悪くて強度も下がります。

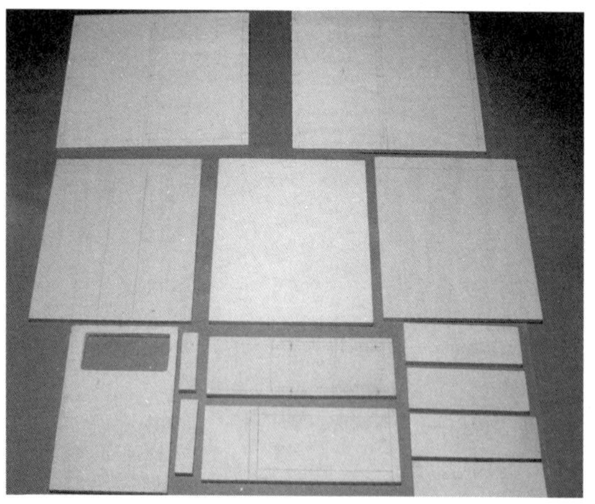

《写真5》加工した外箱用板部材

板を購入したホームセンターで寸法図を提示し切断してもらうとよいでしょう。

最近では、初めの数カットは無料で、カット数がそれ以上増えても割安な料金でやってもらえます。また直線以外の丸穴や曲線も有料ですがカットしてもらえるので木材を使った製作も楽にできるようになりました。ただし、正確な図面を提示することが条件です。

充電器部シャーシも木製に

木製部材は外箱だけでなく上段に収める充電器部分のシャーシと正面パネルも木製です。この部分もシナベニア板を利用しましたが、底板は厚さ12ミリ、側板は9ミリ、正面パネルは4ミリです。ホームセンターでカットした残りを端材として販売しているものを利用しました。正面パネルに二つあるメータ用の直径4.5センチの丸穴は、開けるのが面倒ならば、これもホームセンターで購入時に開けてもらったほうがよいでしょう。

なお充電器シャーシ後部のパネルだけは、パワートランジスタの放熱器を取り付ける関係上、放熱効果も考えて1.5ミリ厚のアルミ板を使うことにしました。

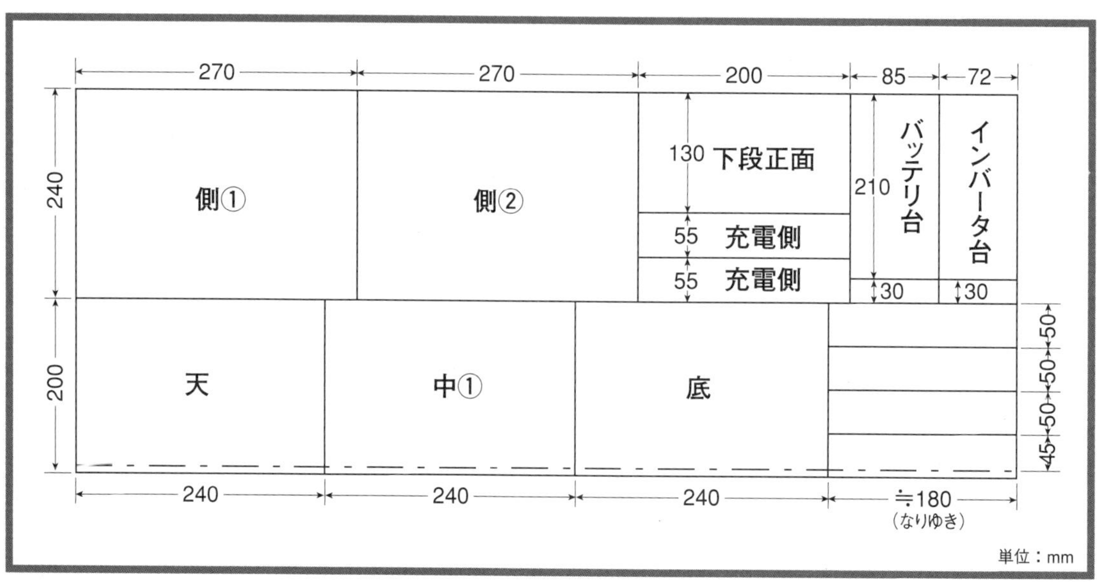

《第2図》外箱の板取り寸法図。9ミリ厚のシナベニアを使用

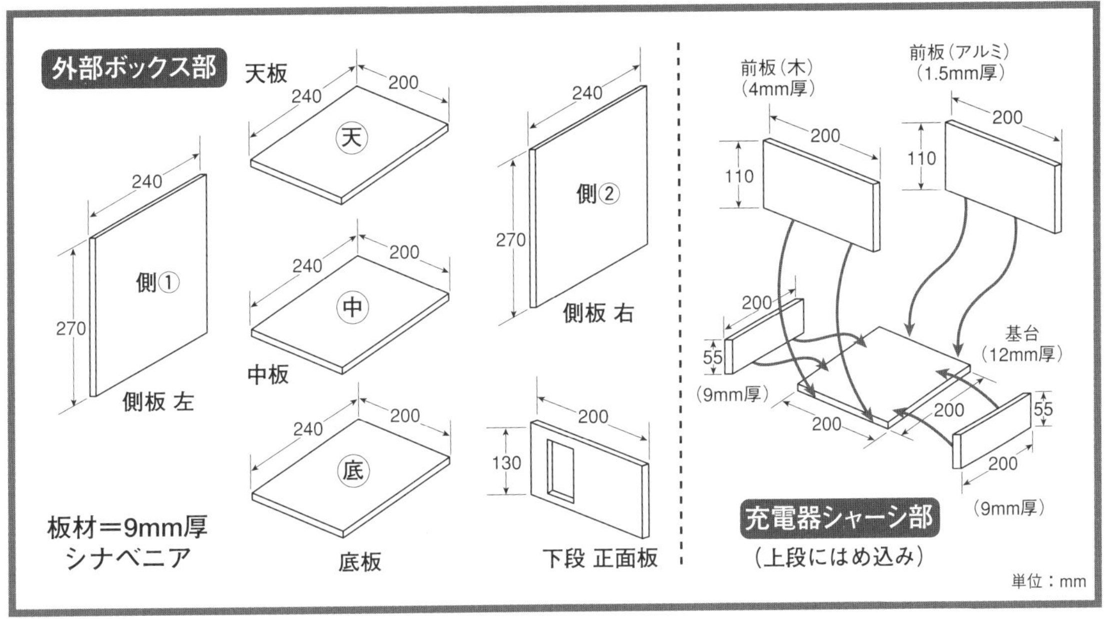

《第3図》外箱と充電器部の板の組み合わせはこのように

木製部材の組み立て

箱の部材がそろったら第3図の外箱と充電器シャーシ構造と第4図の寸法図のように組み立てます。各板の接合面は、薄く木工用ボンドを塗ってから木ネジで固定します。ネジは直径2.7ミリ、長さ2.5センチ程度の皿ネジです。あらかじめキリで下穴を開けておき、ドライバでしっかりと頭部が平らになるように固定します。

なおネジを締めるときは下段の前板、上段の充電器シャーシの底板がぴったり寸法通り収まるようにそれぞれ仮にはめ込んだ状態で作業したほうがよいでしょう。

外箱組み立て以外の木工作業としては、(1) 下段のバッテリ台とインバータの固定台の組み立て、(2) 下段前板にインバータの前面を飛び出させるための105×48ミリの四角い穴開け、(3) 上段の充電器シャーシの組み立てがあります。

これらはキリで下穴を開け、木ネジで固定するだけで接着剤は不要です。

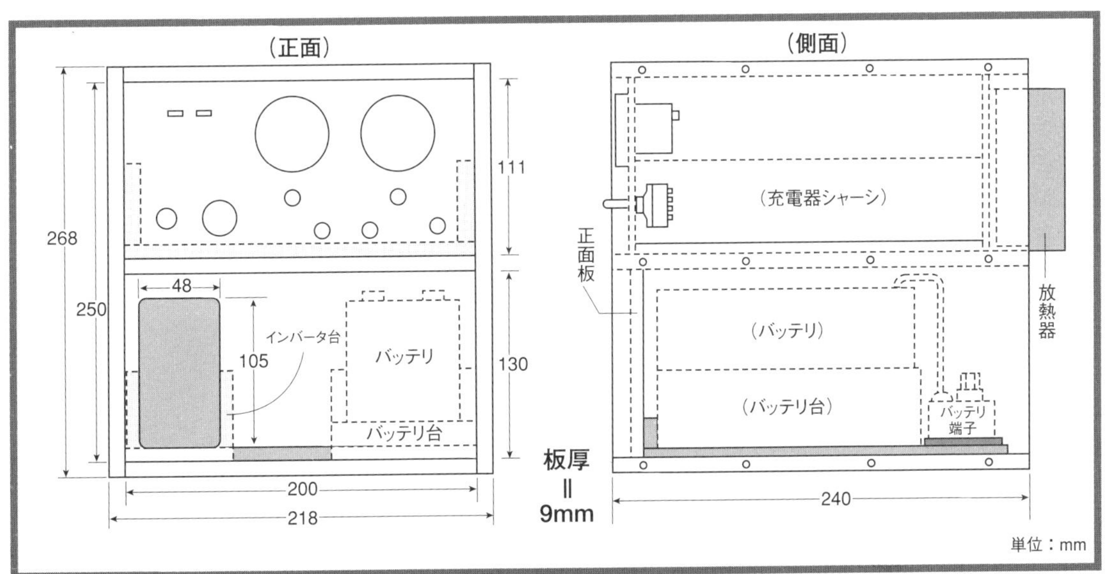

《第4図》箱内外の寸法図

充電器部パネル加工と組み立て

前後のパネル加工

充電器は上段に引き出しのような形で収まります。前後パネルは共に縦11センチ、横20センチで、穴開け加工は**第5図**のとおりです。

前面の木のパネルは4ミリ厚のシナベニアですが、裏面からドリルで穴開けすると表面にバリが出て欠けてしまうことがあります。ここでは表面に原寸の加工寸法図を貼り、目打ちで穴開け部に印をつけたあと直径4ミリ程度のドリル刃で穴開けしていきます。

二つのメータの4.5センチの丸穴とシガーライタソケットの2.4センチの丸穴はボール盤を使って開けましたが、厚さ4ミリ程度の板ならば円形用カッターでも切り抜くことができます。あるいは板を購入したホームセンターなどで穴開け加工してもらうこともできるでしょう。なお、工作を趣味とする場合ならば電動ドリルドライバ程度は用意しておくと作業が簡単になる場面も多くなるはずです。

それ以外の丸穴はリーマで拡大して半丸ヤスリで仕上げました。ワンタッチのターミナルは、裏面に出っ張りがあるので、その分パネル面に2ミリ程度のミゾを掘っておきます。

メータの取り付けネジの穴の位置ぎめには、メータのパッケージの中にあるメータを固定していた厚紙がそのまま使えます。

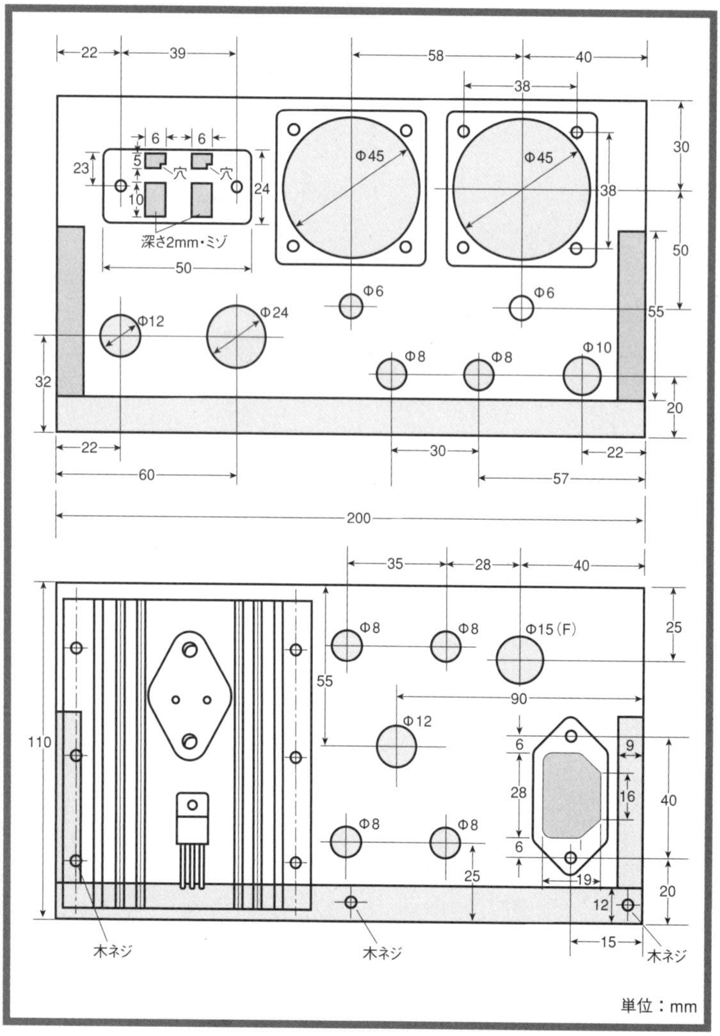

後部パネル加工

後部パネルは厚さ1.5ミリのアルミ板を使います。ここにはパワートランジスタの放熱器も取り付けるため、その熱の発散を補う意味からもアルミにしたわけです。

加工寸法は**第5図**のとおりです。前面パネルと同様に原寸の穴開け加工図を表面から貼りつけて穴開け位置にセンターポンチで小さいヘコミを付けていきます。ドリルの刃が滑って位置がずれないようにするためです。

ドリルの刃は直径4ミリ程度にして、それより大きい穴はリーマで広げていきます。ACコードの受け口ソケットの取り付け穴は写真のように切り口に沿って連続の穴を開け、一つおきにニッパで切ってつなぎ、くり抜きます。

切り口のぎざぎざは、平ヤスリで軽くこすりながら削っていくときれいな直線になります。

《第5図》充電器前後パネルの加工寸法

《写真6》前後パネルの穴開け加工

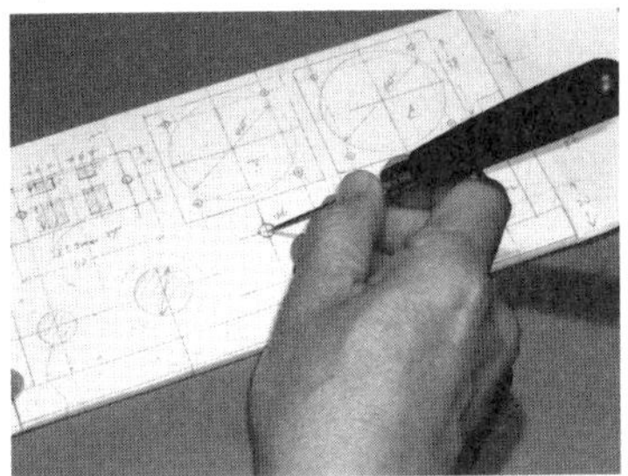
①前面板原寸加工図を板に貼り付け、穴開け部に印を付けていく

②メータ丸穴にはボール盤を使用したがホームセンターなどでも開けてもらえる

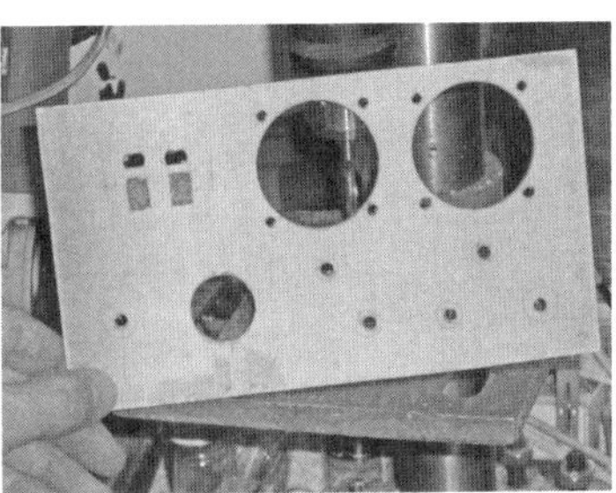
③他の穴はφ4ミリのドリルで開け、ヤスリで目的サイズにする

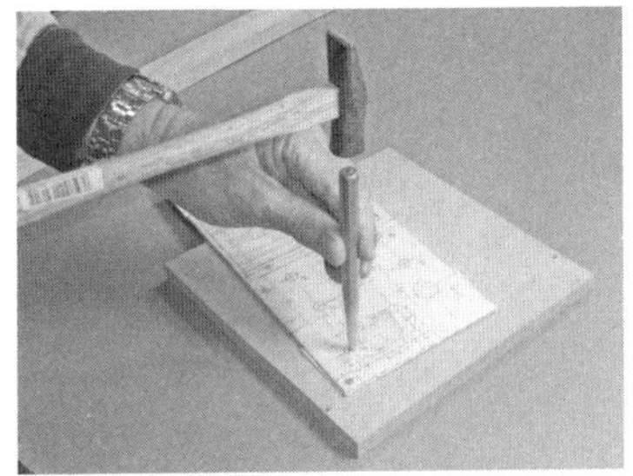
④後部アルミ板に原寸加工図を貼り、センターポンチで印をつける

⑤できたヘコミ部分にドリルで穴開けしていく

⑥大きな穴はリーマで拡大。ACコード受け口部は連続穴を開ける

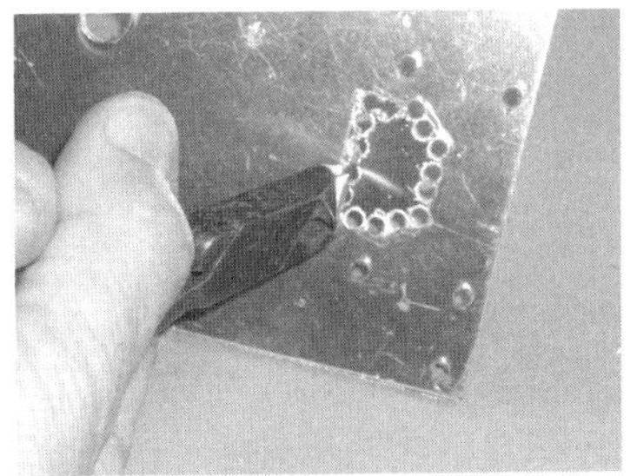
⑦ドリルの連続穴を一つおきにニッパで挟み、切り取る

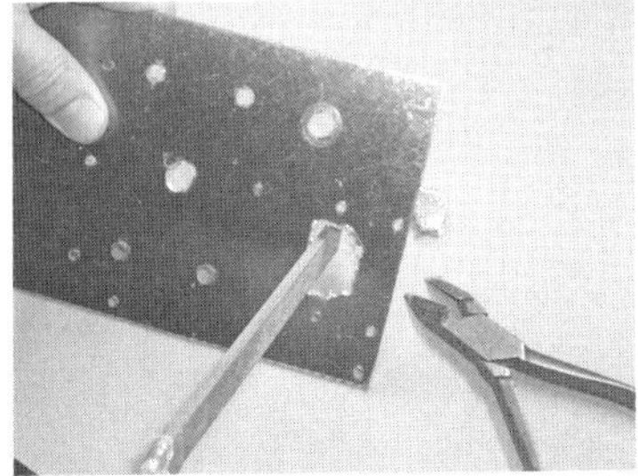
⑧ギザギザの切り口は平ヤスリでゆっくり削り、なめらかに

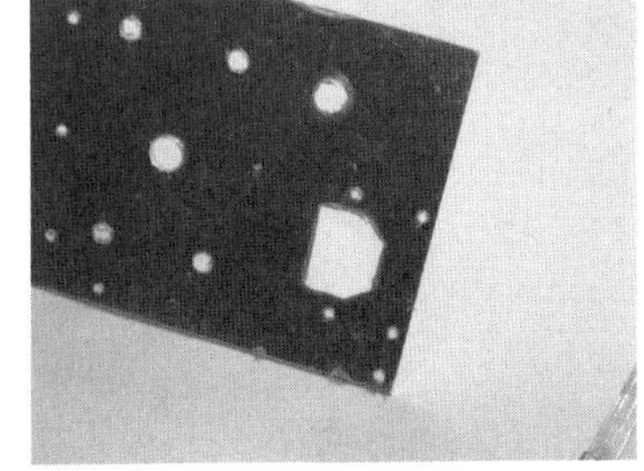
⑨ACコード受け口取り付け穴の完成

底板表面はなめらかに

写真7が加工を終えた充電器部のシャーシ部材です。底部は幅、奥行き共に20センチの正方形で両脇に5.5センチ×20センチの板を乗せる形になります。両脇の板は外箱の切り出しの際に出来たものです。

アルミパネルは保護用のビニールのシートが貼りつけたままですが、部品取り付け時にはがします。

シャーシ部は初めに両側の20×5.5センチの側板を底板の裏からネジ止めした形にします。引き出しのように滑らせてボックスに入れるために、出っ張りのないなめらかな状態にしておきます。木ねじは頭が平らな皿ネジで、頭が完全に埋まるようにネジ頭部周辺を皿状にけずっておきます。前後パネルを付けて箱状に組み立てるのは配線が終わってからです。

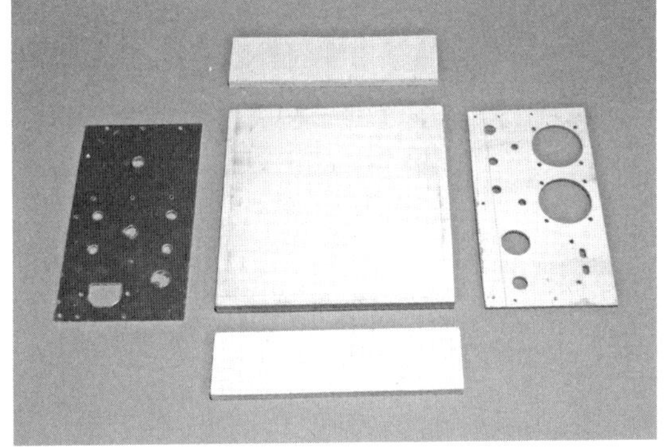
《写真7》穴開け加工を終えた充電器シャーシ部材

《写真8》バッテリとインバータ台の加工

①バッテリ台の部材となる底板と側板

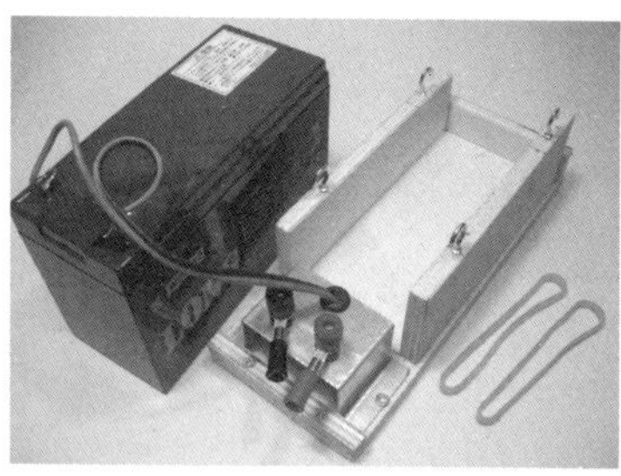

②組み立て完了。端子はアルミ板で固定

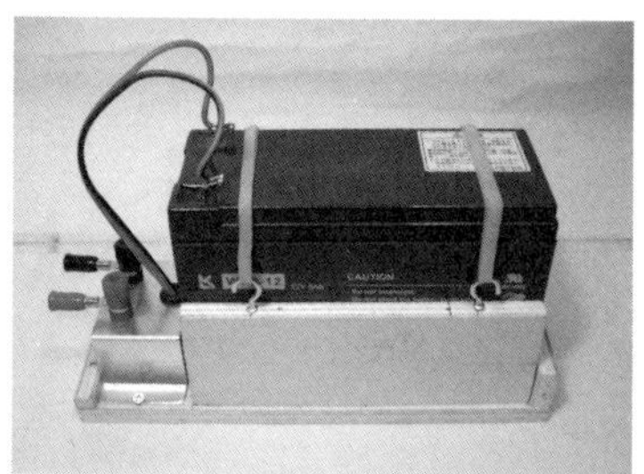

③カギ形フックと輪ゴムでバッテリを固定

④インバータと固定用板材

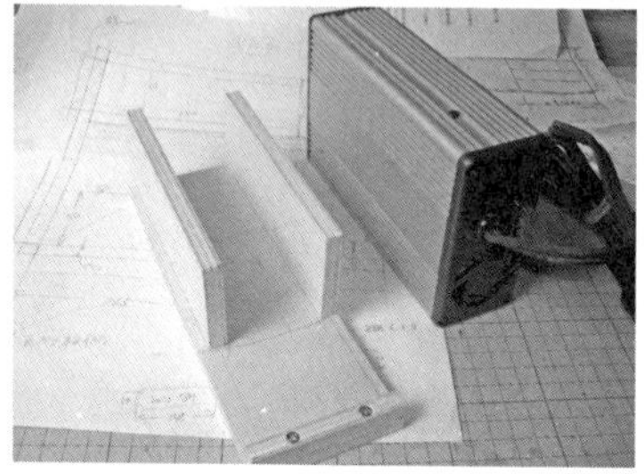

⑤組み立てたインバータ固定台

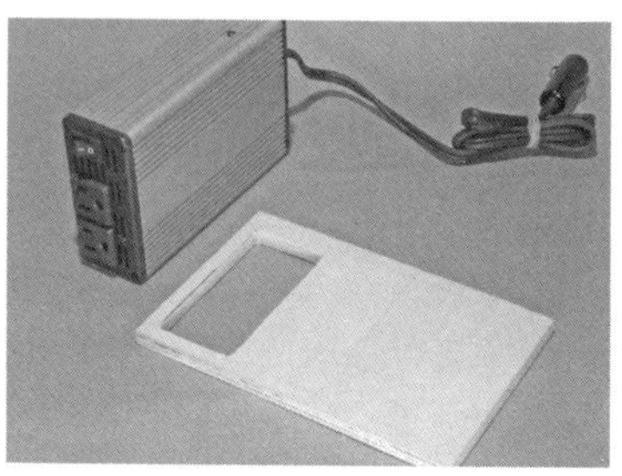

⑥前板の四角い穴にインバータを差し込む

下段の部材加工

下段にはバッテリとインバータが入りますが、ただ置くだけではなくそれぞれ専用の台の上にしっかりと固定します。**写真8**にその固定台を示します。寸法は使用するバッテリが隙間なく納まるように現物合わせで調整します。左右側面の板にカギ形のフックをねじ込み、そこに掛けた輪ゴムでバッテリを締め付けるようにして固定します。

バッテリ固定台にはアルミ金具で赤黒の二つの陸軍端子を固定します。その二つの端子とバッテリ間をリード線でハンダ付けし、バッテリ専用端子とします。

インバータ用の固定台もバッテリと同様に左右から隙間無く挟み込む形になるよう、現物合わせで寸法を決めてネジ止めします。

前面パネルから、スイッチと二つのACコンセントの付いたインバータの正面が顔を出す形になります。前板の穴開けはϕ6mmくらいの太いドリル刃で開けた連続穴を糸ノコで切り抜き、木工用ヤスリで仕上げます。ぴったりインバータが差し込めるよう、これも現物合わせしながら調整して広げます。

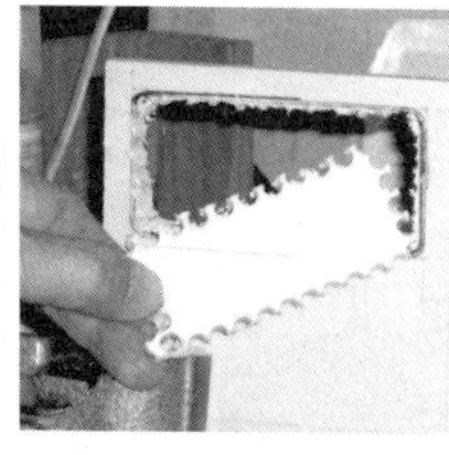

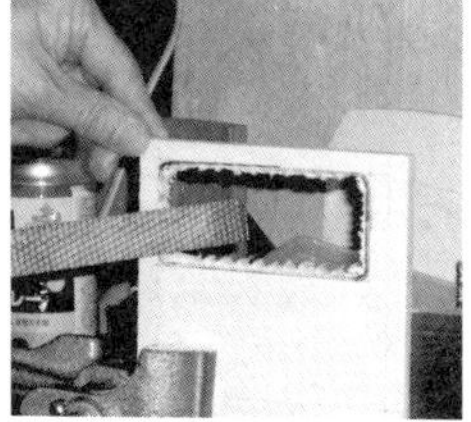

《写真9》下段前板穴開け
①ドリルで連続穴開け
②穴を糸ノコで切り抜く
③木工ヤスリで仕上げ

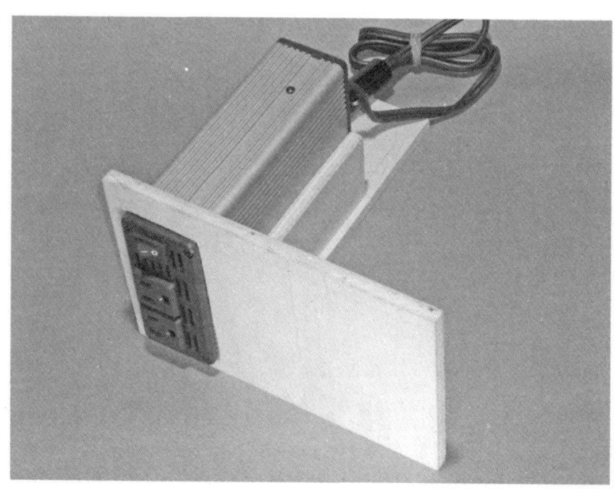

《写真10》前板に取り付けたインバータ

《写真11》パワートランジスタを放熱器に取り付ける

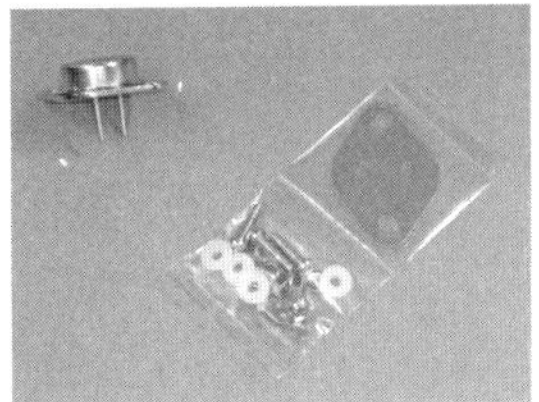
①パワートランジスタとマイカ板取り付けネジセット

②取り付けネジ類と放熱器

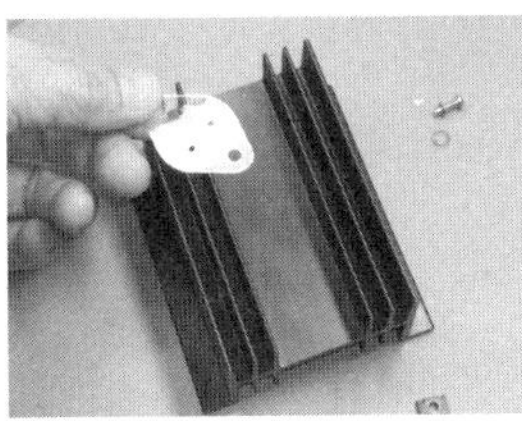
③放熱器への取り付け穴を確認

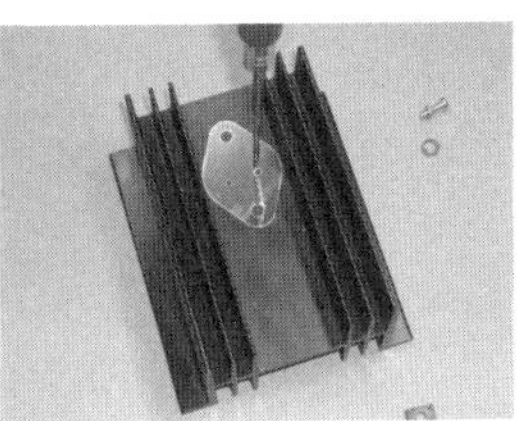
④マイカ板をガイドにして放熱器への穴開け位置に印を付ける

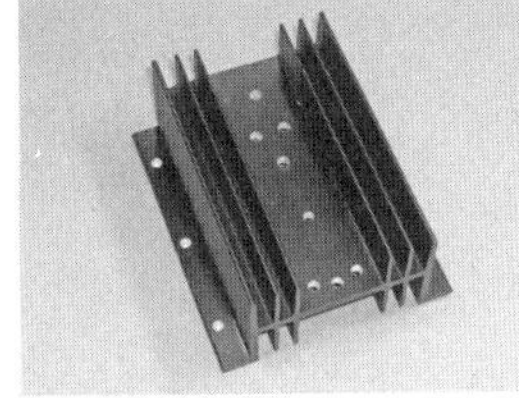
⑤ドリルで穴開けを終えた放熱器

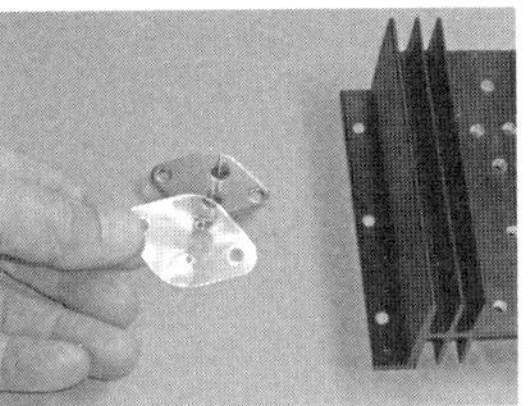
⑥マイカ板を乗せてネジ止め。ネジ部は絶縁用ブッシュを使用

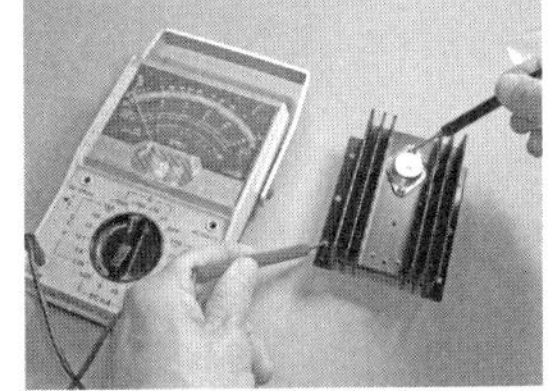
⑦放熱器と缶の外側がショートしていないことをチェック

⑧もう一つのパワートランジスタ2SD1830もネジ止めする

パワートランジスタの取り付け

充電器出力部の電流制御用に二つのパワートランジスタ2N3055と2SD1830を使っています。ともに熱を発生するので大きめのアルミダイカスト製放熱器に取り付けます。

しかし、このパワートランジスタはコレクタが外側の缶につながっているのでアース電位になっているシャーシに直接取り付けることはできません。そのため絶縁用のマイカ板やネジ部分に使う絶縁ブッシュが必要です。パワートランジスタと一緒に購入します。

2SD1830のほうは1本のネジで止めるだけで絶縁の必要はありません。

《写真12》パワートランジスタを取り付けた放熱器の表と裏面。上が2N3055下が2SD1830

写真11に示すように放熱器にはトランジスタ取り付け用と、リード線を通す穴をドリルで開けます。第6図に2N3055の取り付けと2SD1380の間の配線を示します。

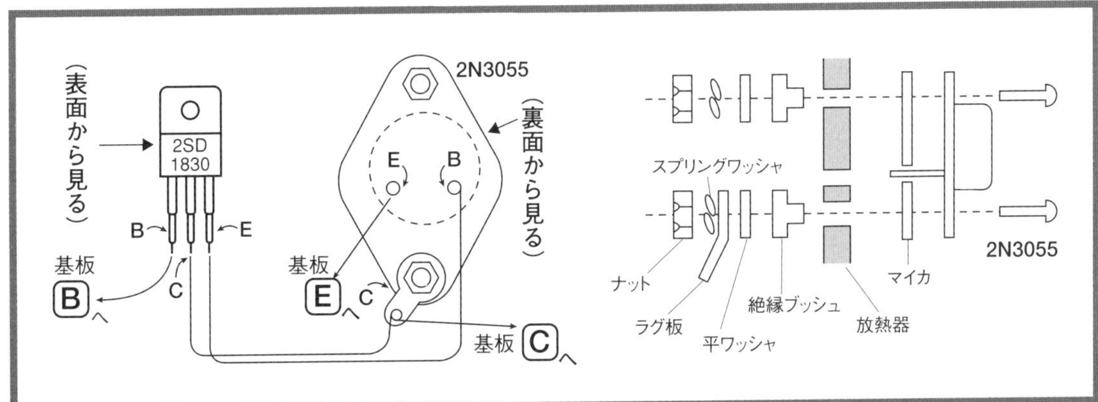

《第6図》パワートランジスタ2N3055の放熱器への取り付けと2SD1380との配線

充電器部の部品取り付けと配線

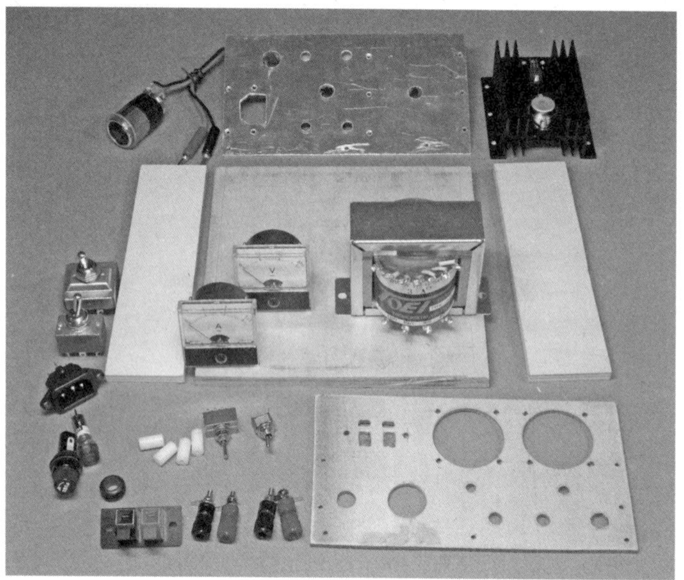

《写真13》充電器部分の主な部品

《写真14》トランジスタ間の配線を終えた放熱器裏面

部品取り付け

写真13が基板を除いた充電器部分の部品です。まずシャーシとなる20センチ角の底板の左右に側板を乗せて底からネジ止めしますが、前後のパネルを付けて箱の形にするのは、前後パネルに部品を取り付け、一部分配線を終えてからにします。先に前後パネルを付けてしまうと、狭いところで部品取り付けやハンダ付けをすることになって面倒だからです。

当然ですが放熱器につけたパワートランジスタ部分は先に配線しておき、3本のリード線を引き出した状態で後パネルにネジ止めします。放熱器からシャーシ内に引き込む3本のリード線が通る後面パネルの穴にはゴムブッシュを入れておきます。

電源トランスやラグ端子、基板固定にはそれぞれに応じた大きさ、長さの木ねじを使います。

基板の製作

第7図にパターン面を示しますが充電器の心臓部となる部分です。全体の回路は第8図のとおりです。IC μA723Cの部分がこの基板になります。この部分は秋月電子通商の小型シール鉛蓄電池充電器キットの部材を使用していますが基板は独自に製作しました。

使用したのはサンハヤトのユニバーサル基板ICB503（9.5×7.2センチ）です。写真15、16にその表裏を示します。

パターン図にあるように基板表面にはジャン

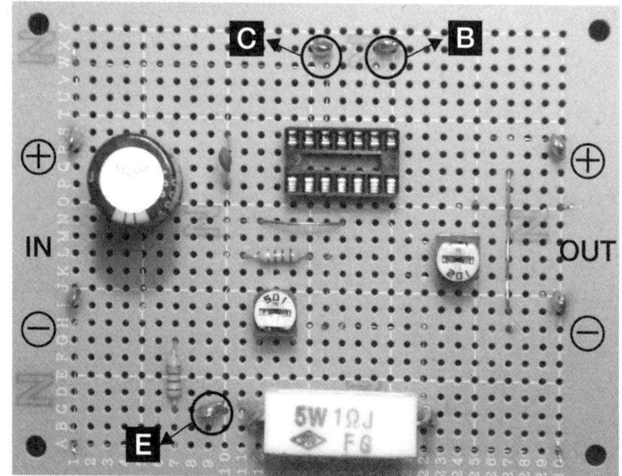

《写真15》充電器の基板表（部品）面

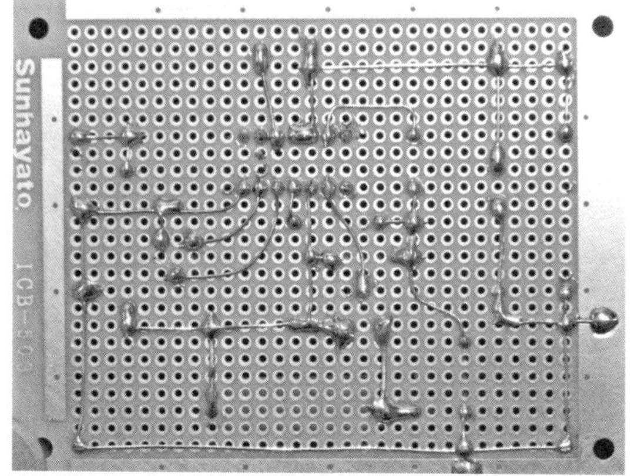

《写真16》充電器の基板裏（配線）面

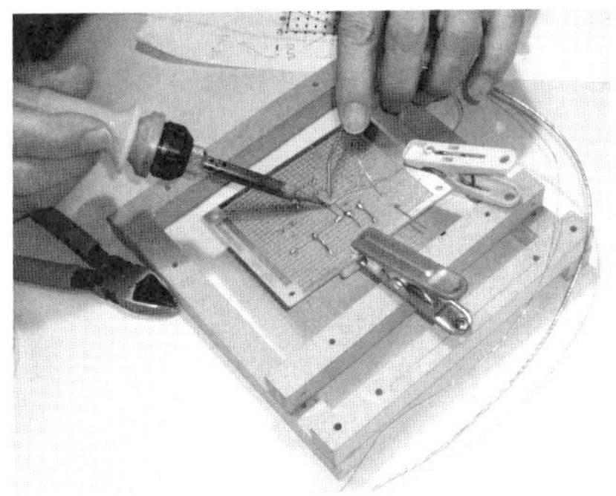

《写真17》基板面の配線はこうした専用固定台を使うと楽だ

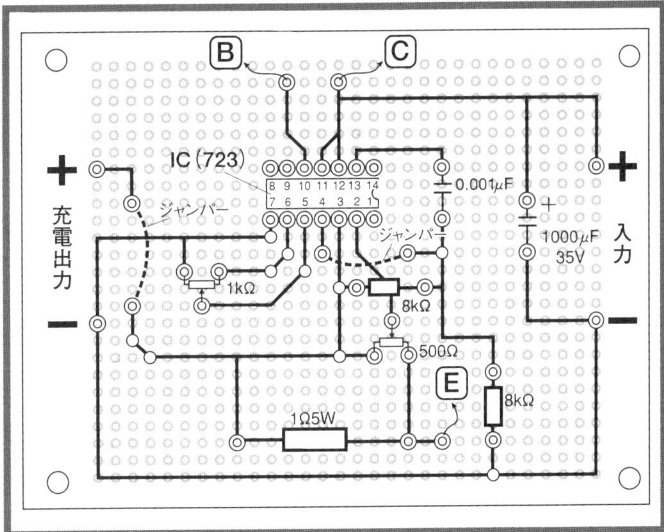

《第7図》充電器部の基板面パターン。φ0.5mmのスズメッキ線を使用

パー線でつなぐ部分が2カ所あります。

ICは基板に直接ハンダ付けするのではなく、ICソケットを使ったほうがハンダ付けの際に安心です。秋月のキットにもソケットが入っています。その他基板製作の注意点としては1Ωのセメント抵抗と1000μFのコンデンサは基板面にぴったりと接触させせず少し浮かせてハンダ付けしておくことです。

外部の配線のために引き出すリード線は7本ありますが、配線に使った太さ0.5ミリのスズメッキ線を輪にして端子の代わりとしました。

充電器基板外部の配線

前後パネル部の配線は部品を取り付けた時点で行い、配線が終わったら底板に取り付けます。前述のごとく組立ててからではハンダコテが入れにくいからです。

前パネルの電流計の下にある4回路2接点のトグルスイッチは充電電流と放電電流を切り替え

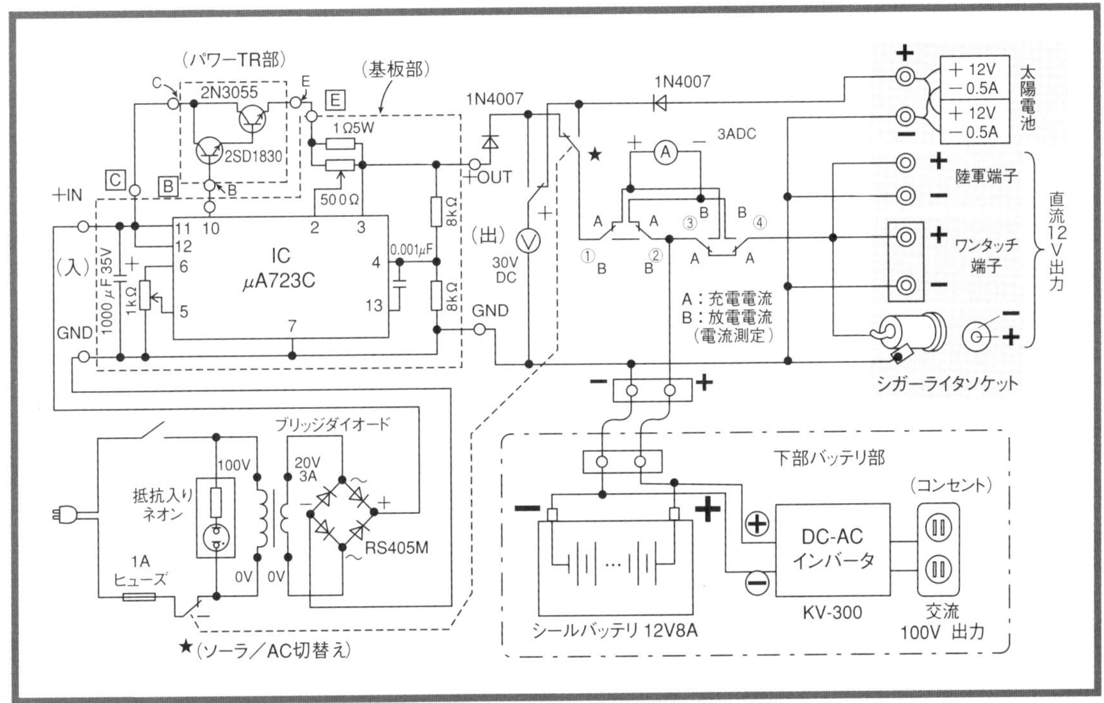

《第8図》鉛シール電池を使ったパーソナル電源器の回路図

《写真18》配線完了した充電器内部の様子

て読み取るためのものです。左側に倒すと充電電流、右側に倒すと放電電流を表示します。少し細かいので配線を間違えないように注意が必要な部分です。

整流用ダイオードは、底板に木ねじで止めた二つのラグ端子の間にまたがせてハンダ付けしました。後パネルの大型のソーラ／AC切り替えの大型トグルスイッチは3回路ですが実際に使っているのは2回路分だけです。

全部の配線が終わったら前後パネルを木ねじ止めしてシャーシ全体が完成です。

《第1表》パーソナル電源器の使用部品表

部品名	内容	個数	参考価格（部品1個の単価）
抵抗	1Ω　5W（セメント）	1	60円
抵抗	8kΩ（灰黒赤金）　1/4W	2	30円
コンデンサ	0.001μF	1	30円
コンデンサ（電解）	1000μF　35V	1	100円
IC	μA723C	1	100円
可変抵抗器（小型）	500Ω	1	30円
可変抵抗器（小型）	1kΩ	1	30円
ICソケット	14ピンDIP	1	100円
ユニバーサル基板	サンハヤト（ICB503）	1	250円
ブリッジダイオード	RS405M	1	30円
ダイオード	1N4007	2	10円
トランジスタ	2SD1830	1	50円
トランジスタ	2N3055	1	400円
パワーTR用マイカセット	2N3055取り付け用	1	100円
ヒートシンク（放熱器）	10×8センチ程度	1	650円
パイロット用ネオン	AC100V用抵抗入り	1	150円
ヒューズホルダ	筒形	1	120円
ヒューズ	ガラス管　1A	1	50円
ゴムブッシュ	中	1	40円
スペーサ	高さ15mm	4	25円
トグルスイッチ（小）	4回路2接点	1	400円
トグルスイッチ（小）	1回路2接点	1	150円
トグルスイッチ（大）	2回路2接点	1	800円
スナップスイッチ（中）	2回路2接点	1	200円
メータ（電流計）	DC3A	1	1000円
メータ（電圧計）	DC30V	1	1000円
電源トランス	二次側24V	1	2835円
ACコード受けジャック	インレット	1	100円
ACコードプラグ付き	ACインレット用　2m	1	600円
ターミナル	陸軍端子赤、黒	各4	80円
ワンタッチ端子	2P	1	150円
シガーライターソケット	パネル固定用	1	380円
シガーライターソケット	コード付き	1	380円
ラグ端子	1L4P	3	60円
スタンド端子	5P	1	110円
太陽電池	12V　500mA	2	9800円
DC-ACインバータ	KV-300　（AC100V　300W）	1	2500円
その他	接続用バナナプラグ	4	50円
木板	厚さ9mmシナベニア		2200円
化粧ベニア4mm厚	20×11cm	1	300円
アルミ板1.5mm厚	20×11cm	1	320円
ネジ	100個袋詰め	1	300円
ナット	100個袋詰め	1	300円
ワッシャ	100個袋詰め	1	300円
スプリングワッシャ	100個袋詰め	1	300円
配線用ビニール被覆線	5色各1m	計5m	50円
スズメッキ銅線	太さ0.5m　10m巻き	1	350円
エンパイヤチューブ	内径1mm　1m	1	50円
	合計予算		39,000円前後

《写真19》充電器部をケース上段に収める

すべての要素が完成したら各パートをボックスに収めます。充電器は引き出しに差し込むように上段に収納、バッテリ、インバータは下段に固定します。そして、それぞれの間をリード線でつなぎます。

インバータの12V入力はシガーライタプラグになっていますので専用プラグコードで2本のリードを引き出し、バナナプラグを付けそれをバッテリの端子につなぎます。

バッテリへの充電は開始直後は700mAから750mAが流れますが充電が進むにつれて下がって行き100mA前後で安定します。

《写真20》完成後の状態を後部から見る

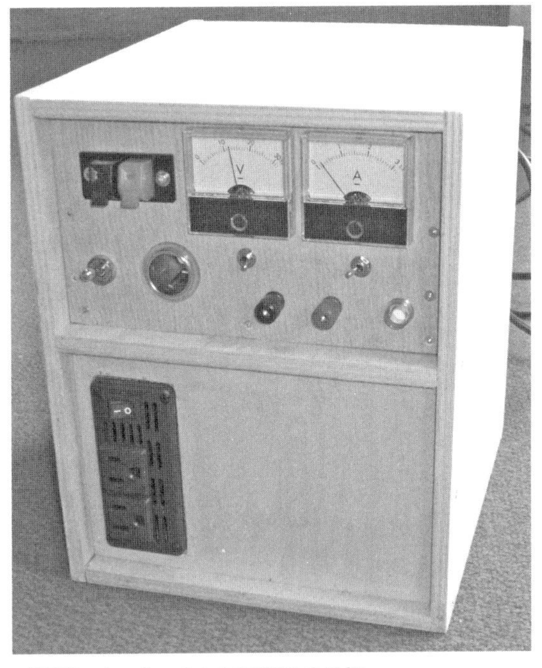

《写真21》パーソナル電源器の外観

太陽電池をつなぐ

野外でも使えるパーソナル電源として太陽電池も組み合わせてみます。前述のごとく太陽電池は、12V500mAのものを2枚並列接続にします。太陽光に直接あてると20V程度の電圧を示します。充電用にバッテリにつなぐと電圧は13.5Vに、充電電流は700mAにおちつきます。低電流での充電には十分な状態です。ただし太陽に雲がかかるとすぐ電流が下がってしまうので、野外で太陽電池だけにたよって100V電気製品を自在に使うことはむずかしいかもしれません。太陽電池はフル充電されているバッテリの補助用と見

《写真22》太陽電池を板に取り付ける

《写真23》窓際に設置した太陽電池

《写真24》パーソナル電源の動作試験

るべきでしょう。

太陽電池は縦70×横40センチのシナベニア上にネジ止めし、立て看板状に2本の足とつっかえ棒をつけました。電池の寸法は1枚36×29センチです。以前に入手したものなので最近の製品は少し寸法が変わっているかもしれません。**写真23**のように窓際に設置して直射日光を受ける角度に固定して使います。

写真24、25は太陽電池も含めて完成したパーソナル電源の試験を行ったときのものです。

DC12V用機器としてカーステレオ改造の小型オーディオシステム、12Vの空冷ファン、アマチュア無線用トランシーバ、AC100V用機器として扇風機、蛍光灯スタンド、真空管ラジオ、真空管アンプなどです。すべて動作し家でも野外でも使えるパーソナル電源が完成しました。

《写真25》パーソナル電源実験

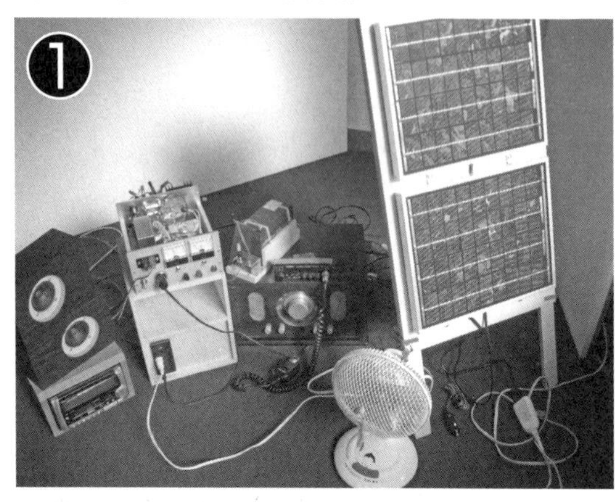

①太陽電池も使ってテスト。12Vのカーオーディオや無線機、100Vの真空管ラジオ、アンプ、扇風機等

②上段と下段の間をつなぐ。太陽電池はリード線の先のクリップをそのまま端子に挟む

③インバータ出力で回る扇風機

④AC100Vの真空管式ラジオも完璧に動作。心配していた雑音も皆無だ

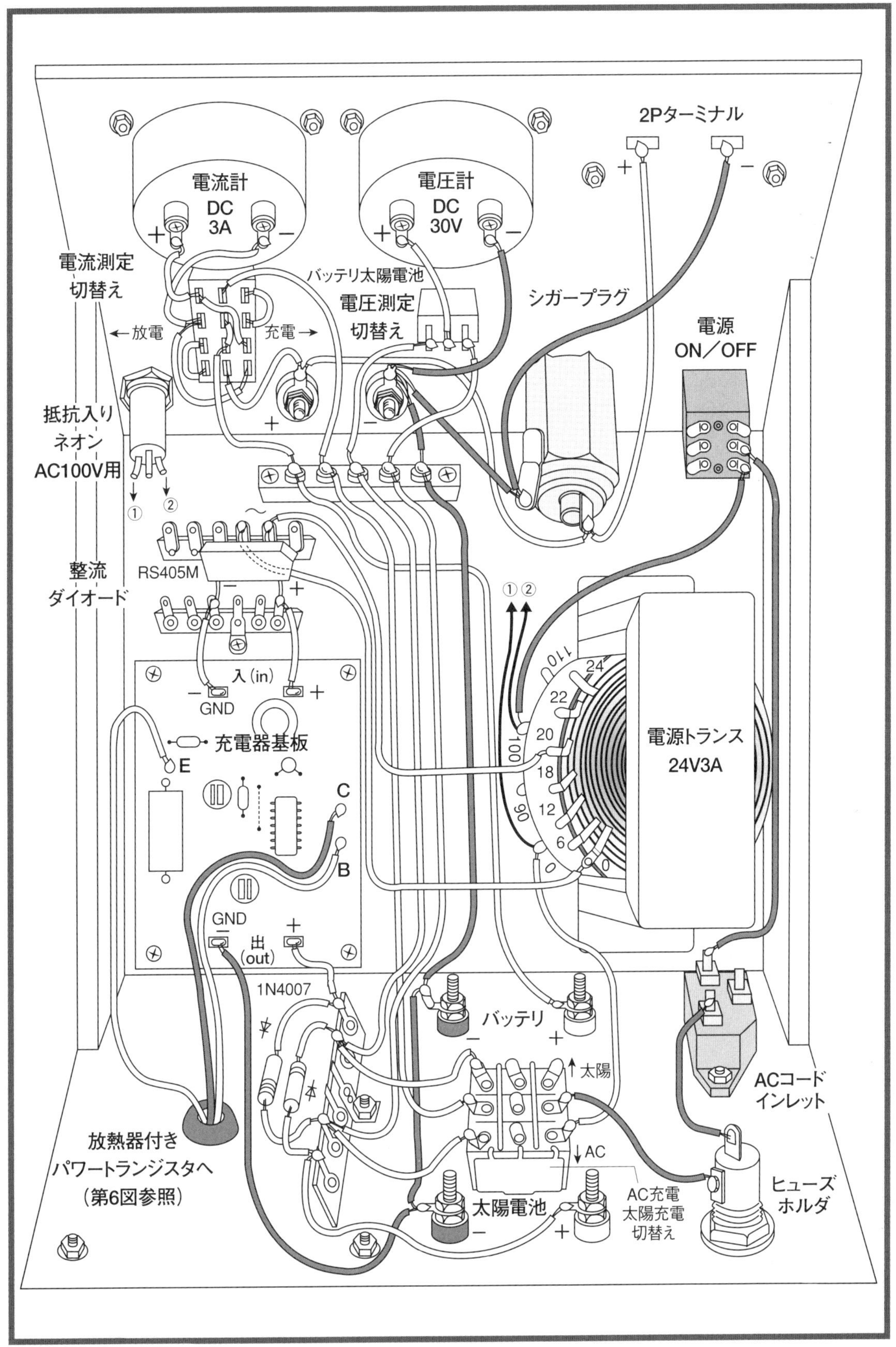

《第9図》パーソナル電源器用充電器の実体配線図

索引

■な行

■は行

■ま行

■や行

■ら行

編集後記

電池は社会の隅々まで広く使われていながら長年裏方的存在でした。しかし、最近その電池が表舞台に飛び出す機会が多くなりました。地球環境・エネルギー問題への対処として省エネ、エコロジーへの期待が高まり、新型電池と電気自動車などの開発、自然エネルギー発電の期待が急速に高まっているからです。本書はこの電池を題材に、発明と発展の歴史、原理、最新電池応用例、さらにボルタの電池ほか各種電池の自作実験、電気・電子工作にいたるまで、電池の働きを体感できる「電池のすべて」を網羅する実践的工作集にまとめました。特に歴史や原理、最新電池と応用については楽しくわかりやすく、理解を高めるようにイラストを多用しています。全体の編集にあたっては電波新聞社の「電子工作マガジン」と同じスタンスを目指しました。本書が電気電子工作の基礎として役立つことを願っています。

●製作・解説
米持　尚
丹治　佐一

●イラスト
酒井　祖美

※本書で紹介している記事、設計図や回路図はその動作を保証するものではありません。それらの利用によって生じた事故・損害においては一切の責任を負いかねますので、ご了承ください。工作時には各自安全にご留意ください。
※本書に掲載されている社名、製品名などは一般に各社の登録商標または商標です。なお、本書ではTM、©、®表示を明記していません。

入門　電池活用工作ブック
©2009

2009年5月25日　第1版第1刷発行

著　者　米持尚・丹治佐一
編　者　電子工作マガジン編集部
発行者　平山哲雄
発行所　株式会社　電波新聞社
〒141-8715　東京都品川区東五反田1-11-15
電話　03-3445-8201（販売部ダイヤルイン）
振替　東京00150-3-51961
URL　http://www.dempa.com/

編集・DTP　株式会社　JC2
印刷所　奥村印刷株式会社
製本所　株式会社　堅省堂

Printed in Japan　ISBN978-4-88554-975-5
落丁・乱丁本はお取替えいたします
定価はカバーに表示してあります